新能源汽车
驱动电机及控制系统检修

主　编　冯　帆　王　玉　张俊红
副主编　朱可宁　张靖雯　谢召艳
参　编　王　凯（企业）　王颖超

北京理工大学出版社
BEIJING INSTITUTE OF TECHNOLOGY PRESS

内 容 简 介

　　本书全面系统地介绍了新能源汽车典型的交流异步电机、永磁同步电机、开关磁阻电机，介绍了驱动电机的基本结构组成、工作和控制原理以及检修办法，针对目前新能源汽车上的能量回馈技术和电的转换进行了专门阐述，并对驱动电机减速机构、驱动电机冷却系统及驱动电机测试标准等知识进行了论述。本书以项目化教学为基础，设计了 10 个学习项目。

　　本书可作为高等学校、高等职业院校车辆工程、新能源汽车技术及其相关专业的教材，也可作为新能源汽车相关工程技术人员、管理人员和科研人员的参考用书。

图书在版编目（CIP）数据

　　新能源汽车驱动电机及控制系统检修／冯帆，王玉，

张俊红主编. -- 北京：北京理工大学出版社，2025. 1.

　　ISBN 978-7-5763-4853-8

　　Ⅰ. U469.703

　　中国国家版本馆 CIP 数据核字第 2025Q16C94 号

责任编辑：王卓然		文案编辑：王卓然	
责任校对：周瑞红		责任印制：李志强	

出版发行／北京理工大学出版社有限责任公司

社　　址／北京市丰台区四合庄路 6 号

邮　　编／100070

电　　话／（010）68914026（教材售后服务热线）

　　　　　　（010）63726648（课件资源服务热线）

网　　址／http://www.bitpress.com.cn

版 印 次／2025 年 1 月第 1 版第 1 次印刷

印　　刷／涿州市新华印刷有限公司

开　　本／787 mm×1092 mm　1/16

印　　张／15

字　　数／308 千字

定　　价／78.00 元

前　言

当前，我国促使汽车产业节能减排的发展方向是推广和使用新能源汽车，包括混合动力电动汽车、纯电动汽车和燃料电池电动汽车等类型。驱动电机系统是新能源汽车动力系统的核心部件，其必须适应新能源汽车极为苛刻的工况。我国具有大量的稀土资源，这为电机业的发展提供了很好的环境，使得电机业较易进入全球分工体系，如果引导得力，驱动电机完全可以发展成为优势产业。随着新能源汽车的技术发展和产业发展，急需驱动电机系统检修技术方面的专业书籍来培训高校学生和相关技术人员，用于指导科研和生产实践。

本书的编写以习近平新时代中国特色社会主义思想为指导，贯彻落实党的二十大精神，在理论知识内容的深度上遵循"管用、够用、实用"的原则，充分体现职业性、技术性和应用性的高职教育特色；在实践教学内容的安排上以面向"工学结合"的教学模式为参照目标，努力构建一门具有高职特色的、注重岗位职业能力培养的专业技术课程。

本书结合目前新能源汽车用驱动电机的主流技术，并结合编者多年来驱动电机系统检修技术的应用和培训经验，全面系统地分析了驱动电机及控制技术，全书共10个学习项目。

项目一阐述了新能源汽车工作安全与作业准备，主要介绍新能源汽车的定义和发展、维修作业安全规范与注意事项。项目二阐述了驱动电机的认知，主要介绍新能源汽车驱动电机和电传动系统的典型结构。项目三阐述了典型驱动电机及其附件的工作原理，主要介绍交流异步电机、永磁同步电机、开关磁阻电机及电机转速传感器。项目四阐述了驱动电机的更换与检修，主要介绍驱动电机的更换和驱动电机的检修。项目五阐述了电的转换，主要介绍AC-DC变换电路、DC-DC变换电路、DC-AC变换电路。项目六阐述了电机控制器，主要介绍电机控制器、电机控制器性能检测、电机能量回收系统。项目七阐述了电机控制系统检修，主要介绍比亚迪秦DM电机控制系统检修、北汽EV160电机控制系统检修及奇瑞瑞虎3xe电机控制系统检测。项目八阐述了驱动电机减速机构结构原理与维修保养，主要介绍驱动电机减速机构的结构与原理、一般保养与维修及故障诊断。项目九阐述了驱动电机及控制器热管理系统检修，主要介绍驱动电机冷却系统的结构与原理、一般保养与维修。项目十阐述了驱动电机系统测试与测量，主要介绍驱动电机系统测试与检验标准、性能检测实操。

本书主要特色如下。

（1）将培养学生的学习能力、分析能力及创新能力放在首位。

（2）在强调基础知识与基本技能训练的同时，注重理论与实践相结合，为学生未来的职业发展打下坚实的基础。

（3）力求图文并茂。

本书由陕西国防工业职业技术学院冯帆、王玉、张俊红、朱可宁、张靖雯、王颖超、西安航空职业技术学院谢召艳等教师与吉利汽车集团有限公司王凯编写，并获得比亚迪汽车有限公司、吉利汽车有限公司相关技术人员的支持。

本书可作为高等学校、高等职业院校车辆工程、新能源汽车技术及其相关专业的教材，也可作为新能源汽车相关工程技术人员、管理人员和科研人员的参考用书。

由于编者水平有限，书中难免存在不妥和疏漏之处，恳请广大读者批评指正，以便再版时修改。

编　者

目　录

任务一
新能源汽车的定义和发展

新能源汽车的
定义和发展

 案例导入

某客户打算购买一辆新能源汽车，但该客户缺乏对该新能源汽车的了解，作为汽车销售人员，你需要从新能源汽车的定义与发展等方面为客户进行讲解。

 知识储备

一、新能源汽车的定义

新能源是指传统能源之外的各种能源形式，包括刚开始开发利用或正在积极研究、有待推广的能源，如太阳能、地热能、风能、海洋能、生物质能和核聚变能等。新能源越来越多地被用到风电产业、地热利用产业、沼气发电产业、生物质产业、太阳能光伏产业以及新能源汽车（NEV）、燃料电池汽车（FCV）、氢发动机汽车、其他新能源（如高效储能器、二甲醚）汽车等各类产品。

二、新能源汽车的发展

1. 国外新能源汽车发展政策

1）美国

在战略规划方面，2013 年，美国能源部发布《电动汽车普及计划蓝图》，从消费者购置成本、关键技术指标、充电设施等方面明确 2022 年发展目标，提出动力电池和电驱系统成本分别降至 125 美元/（kW·h）和 8 美元/（kW·h），整备质量降低 30% 的目标。

在研发创新方面，美国政府通过研发专项拨款、税收减免、低息贷款等方式支持新能源汽车的研发创新，形成了政府引导、企业主导、科研机构参与的新能源汽车技术研发机制。

2019 年，美国能源部宣布拨款最高至 5 900 万美元，支持先进电池和电力驱动系统、节能系统、高效动力系统等方面的研发创新。

2）日本

日本新能源汽车产业政策体系完备，重点从氢能社会建设角度推进氢燃料电池汽车的研发和推广普及。在战略规划方面，日本经济产业省 2010 年发布《新一代汽车战略 2010》，支持新一代汽车（纯电动汽车（BEV）/插电式混合动力汽车（PHEV）/油电混合动力汽车（HEV）/燃料电池汽车（FCV）和清洁燃料汽车等）推广普及，提出到 2030 年混合动力汽车新车销售量占总销量的比率为 30%～40%，纯电动汽车和插电式混合动力汽车占比为 20%～30%，燃料电池汽车占比为 3%，清洁柴油车占比为 5%～10%。

1998 年，日本开始实行新能源汽车购置补贴及吨位税、购置税减税等措施，针对购买新车和以旧换新提供差异化补贴政策。

2019 年，日本国土交通省计划拨款 5.3 亿日元支持地方交通绿化事业，推动公共交通领域用车电动化，日本环境省计划拨款 10 亿日元支持电动货车、电动公交车发展，补贴货车和公交车经营者。

3）欧洲主要国家

2020 年，欧洲各国针对纯电动的补贴金额多数为 3 000～6 000 欧元。与 2019 年相比，德国对于纯电动补贴增加了 1 000～2 000 欧元，混动补贴增加了 750～1 500 欧元；荷兰从 2020 年 7 月开始，对于价格 4.5 万欧元以下车型，开始补贴 4 000 欧元；法国用于奖金的预算从 2019 年的 2.6 亿欧元增加到 2020 年的 4 亿欧元，并维持到 2021 年；英国的补贴略有调低（幅度在 500 英镑，约 560 欧元）；其他国家不变。2021 年，多数国家补贴政策没有变化，主要变化的是法国，小于 4 万欧元的车型补贴减少 1 000 欧元，为 5 000 欧元。补贴力度主要跟车架、碳排放量有关。

欧洲大部分国家都有针对私人住宅和公共区域的充电桩安装进行补贴，补贴比率大多在 50%～70%，有些国家还有电动汽车免费停车和专用停车区域。

2. 国内新能源汽车发展政策

2019 年，我国纯电动汽车生产完成 102 万辆，同比增长 3.4%，销售完成 97.2 万辆，同比下降 1.2%；插电式混合动力汽车产量和销量分别为 22.0 万辆和 23.2 万辆，同比分别下降 22.5% 和 14.5%；燃料电池汽车产量和销量分别为 2 833 辆和 2 737 辆，同比分别增长 85.5% 和 79.2%。

思政拓展：《新能源汽车产业发展规划（2021—2035 年）》解读

2020 年，我国新能源汽车产量和销量分别为 136.6 万辆和 136.7 万辆，同比增长 7.5% 和 10.9%，其中纯电动汽车产量和销量分别为 99.1 万辆和 100 万辆，产量同比增长 19.6%，销量同比增长 16.1%；插电式混合动力汽车产量和销量分别为 25.6 万辆和 24.7 万辆，同比分别增长 19.6% 和 9.1%。

国务院办公厅印发的《新能源汽车产业发展规划（2021—2035 年）》提出，到 2025 年，新能源汽车新车销售量达到汽车新车销售总量的 20% 左右；到 2035 年，纯电动汽车成为新销售车辆的主流，公共领域用车全面电动化，燃料电池汽车实现商业化应用。

三、新能源汽车的发展史

1. 人力车和畜力车

在蒸汽机出现之前，人们的代步车辆大多为人力车和畜力车。人力车有影视剧中常见的黄包车、农村运粮的独轮车等，是依靠人力的交通工具；畜力车有马车（见图 1-1）、牛车、驴车等，在人类进入蒸汽机时代和电气化时代之前，大量的交通运输是靠着畜力（主要是马、牛、驴、骡等，狗拉雪橇也属于畜力范围）牵引人造交通工具来实现的。

新能源汽车
发展史

图 1-1　马车

2. 蒸汽汽车

蒸汽机的出现，将人或动物做功的方式改变为机械做功，引发了第一次工业革命。蒸汽机是将蒸汽的能量转换为机械能的往复式动力机械。

古希腊数学家希罗于公元 1 世纪发明的汽转球是蒸汽机的雏形。纽科门及其助手卡利在 1705 年发明了大气式蒸汽机，用于驱动独立的冷却液泵，称为纽科门大气式蒸汽机。

瓦特运用科学理论，逐渐发现了这种蒸汽机的问题所在。1765—1790 年，他进行了一系列发明，比如分离式冷凝器、在汽缸外设置绝热层、用油润滑活塞、行星齿轮机构、平行运动连杆机构、离心式调速器、节气阀、压力计等。他使蒸汽机的效率提高到原来纽科门大气式蒸汽机的 3 倍多并最终发明出工业用蒸汽机。蒸汽机曾推动了机械工业甚至社会的发展，并为汽轮机和内燃机的发展奠定了基础。

1769 年，法国工程师居纽制造了世界上第一辆蒸汽驱动的三轮汽车，如图 1-2 所示。这辆汽车被命名为"卡布奥雷"，车长 7.32 m，高 2.2 m，车架上放置着一个梨形大锅炉，前轮直径 1.28 m，后轮直径 1.50 m，前进时靠前轮控制方向，每前进 12～15 min 需停车加热 15 min，平均时速 3.5～3.9 km/h。

图 1-2　世界上第一辆蒸汽驱动的三轮汽车

1801 年，理查德·特理维西克制造了"伦敦蒸汽马车"，它是最早的蒸汽载人车辆之一，也是真正第一辆投入市场的蒸汽机车辆，最多能乘坐 6 人，最高时速 27 km/h。1804 年，脱威迪克设计并制造了一辆蒸汽汽车，这辆汽车拉着 10 t 重的货物在铁路上行驶了 15.7 km。

1825 年，英国人哥尔斯瓦底·嘉内制造了一辆蒸汽公共汽车，有 18 座，车速为 19 km/h，开始了世界上最早的公共汽车运营。1834 年，世界上最早的公共汽车运输公司——苏格兰蒸汽汽车运输公司成立了。蒸汽机气缸位于后轴前方的地板下，采用后轮驱动。然而，这些车少则重 3~4 t，多则 10 t，体积大、速度慢，常常轧坏未经铺设的路面而引发各种事故。1865 年，英国议会通过了《机动车法案》，后被人嘲笑为"红旗法案"。它规定每辆在道路上行驶的机动车，必须由 3 个人驾驶，其中 1 人必须在车前面 50 m 以外做引导，还要用红旗不断摇动为机动车开道，并且速度不能超过 6.4 km/h。这部法案直接扼杀了英国在当年成为汽车大国的机会，随后汽车工业在美国迅速崛起。1895 年，整整 30 年后，"红旗法案"才被废除。

3. 早期的电动汽车

1820 年，丹麦物理学家、化学家汉斯·克里斯蒂安·奥斯特发现了电流的磁效应，由此开辟了物理学的新领域——电磁学。

1831 年 10 月 17 日，法拉第首次发现电磁感应现象，进而得到产生交流电的方法，使电力交通成为可能。

1834 年，苏格兰人德文博特制造了一辆电动三轮车，当时这辆电动三轮车采用的能源是不可充电的简单玻璃封装电池。

1873 年，英国人罗伯特·戴维斯制作了世界上最早的可供试用的电动汽车。

1899 年 4 月 29 日，比利时人卡米勒·热纳茨驾驶着一辆炮弹形状的电动车以

105.88 km/h 的速度刷新了由汽油车保持的世界汽车最高车速纪录，这也是汽车速度第一次突破 100 km/h，并且这个纪录一直到 20 世纪也没被打破。

截至 1912 年，美国有 34 000 辆电动汽车注册。贝克电气公司是美国最重要的电动汽车制造商。底特律电气公司生产的电动汽车最高时速可达 40 km/h，续驶里程可达 129 km。

1901—1920 年，英国伦敦电动汽车公司生产了后轮轮毂电机驱动、四轮转向和装备充气轮胎的电动汽车。

1916 年 8 月，世界上第一辆油电混合动力汽车问世，这款车的外形及新能源汽车驱动电机技术与现代汽车很接近——使用操纵杆控制加速踏板。

1913 年，福特公司开发了 T 型车，并在汽车发展史上首次实现了标准化大批量生产，使其价格从 1909 年的 850 美元降至 1925 年的 260 美元。大批量生产的 T 型车彻底结束了电动汽车的发展：到 20 世纪 30 年代，电动汽车几乎消失了。

4. 内燃机汽车

内燃机汽车的发展离不开可燃混合气和内燃机的发明。

1794 年，英国人斯垂特首次提出了把燃料和空气混合形成可燃混合气以供燃烧的设想。

1801 年，法国人勒本发现了煤气机的原理。

1859 年，法国人勒努瓦用煤气和空气混合气取代往复式蒸汽机的蒸汽，通过电火花点火爆燃，制成二冲程内燃机。

1861 年，法国人德·罗夏提出了等容燃烧的四冲程内燃机工作循环方式，于 1862 年 1 月 16 日获得专利。

1866 年，德国工程师尼古拉斯·奥托成功地试制出动力史上具有划时代意义的立式四冲程内燃机。1876 年，他又试制出第一台实用的活塞式四冲程内燃机。这台单缸卧式功率为 2.9 kW 的煤气机，压缩比为 2.5，转速为 250 r/min。这就是闻名于世的奥托内燃机。奥托于 1877 年 8 月 4 日获得专利。

后来，人们一直将四冲程循环称为奥托循环。奥托以内燃机奠基人载入史册，他的发明为汽车的诞生奠定了基础。曾与奥托共事过的德国人戴姆勒发明了燃烧汽油蒸气（炼制灯用煤油的副产品）的内燃机，1883 年获得专利。他于 1885 年把这种内燃机装在了木制自行车上，翌年又装到了四轮马车上。1886 年，德国人本茨制造了世界上第一辆汽车（见图 1-3），这些自行推进的车辆，被后人称为汽车和摩托车的鼻祖。

1897 年，德国人鲁道夫·狄塞尔成功地试制出了第一台柴油机，柴油机从设想变为现实经历了 20 年的时间。柴油机不仅为柴油找到了用武之地，而且省油、动力大，是汽车又一颗良好的"心脏"。鲁道夫·狄塞尔的发明改变了整个世界，人们为了纪念他，就把柴油机称为狄塞尔柴油机。

图 1-3　世界上第一辆汽车

1924 年，德国人汪克尔在海德堡建立了自己的公司，他花了大量的时间在那里研制转子发动机。1927 年，对于气密性和润滑等一系列技术问题的攻克终于有了进展。1960 年初，他在德国生产出第一辆装配了转子发动机的小跑车。当时业内人士认为转子发动机结构紧凑轻巧，运转宁静顺畅，也许会取代传统的活塞式发动机。转子发动机如图 1-4 所示。

图 1-4　转子发动机

一向对新技术情有独钟的马自达公司投巨资从汪克尔公司买下这项技术。由于这是一项高新技术，懂得这项技术的人寥寥无几，而且十分耗油，汽车界有人对这种发动机的市场前景产生了怀疑。然而马自达公司逐步克服了转子发动机的缺陷，成功地商业性生产，并将安装了转子发动机的 RX-7 型跑车打入美国市场。

5. 国外电动汽车的发展

在 1990 年的洛杉矶车展上，通用汽车公司展示了一款名叫 Impact 的电动概念车，这款车的重量①仅有 998 kg，仅蓄电池就占了 382 kg。该车从静止状态加速到 96 km/h 只需

---

①　本书重量为质量（mass）概念，法定计量单位为千克（kg）。

7.9 s，在高速公路上以 88 km/h 的速度可行驶 200 km，被认为是现代汽车工业史上的第一辆纯电动汽车。1996 年，通用汽车公司制造并开始销售 EV1 电动汽车，这是以现代化批量生产方式推出的第一款电动汽车。它每次充电后最大续驶里程的理论值可达 144 km，最高行驶速度为 128 km/h，而且已经具有制动能量回收系统。

普锐斯（PRIUS）是丰田公司于 1997 年推出的世界上第一款大规模生产的混合动力汽车，随后在 2001 年被销往 40 多个国家和地区。

自普锐斯之后，世界各大汽车公司和新生企业又重新拉开了新能源汽车研发的大幕，菲斯克 Karma、日产 Cube、雪佛兰 Volt 和特斯拉 Roadster 等车型纷纷加入新能源汽车行列。

这些汽车都采用最新的锂离子电池技术，该技术把新能源汽车的性能与活动范围都带到一个新的高度，使新能源汽车逐渐被普通家庭用户接受。新能源汽车又重新登上汽车世界的舞台。

日本在混合动力电动汽车技术领域遥遥领先。以丰田普锐斯（见图 1-5）为代表的日本混合动力电动汽车，在低污染汽车开发销售领域已经占据了领头地位。丰田公司宣布，从 1997 年全球首款量产的混合动力电动汽车普锐斯推出以来，截至 2017 年 1 月底，丰田在全球的混合动力电动汽车的累计销量已达到 1 004.9 万辆。同时，日本还快速发展燃料电池汽车技术，丰田公司已成为当今燃料电池汽车市场上的重要企业。除丰田公司外，其他日本汽车企业也在开发新一代的新能源汽车，如本田 Insight IMG 混合动力电动汽车、日产 Leaf 和三菱 i-MiEV 纯电动汽车等。

图 1-5　丰田普锐斯

2008 年 11 月，宝马公司发布纯电动汽车 MINIE，MINIE 采用锂离子动力电池，续驶里程超过 240 km，最高车速为 152 km/h，从静止加速到 100 km/h 的时间为 8.5 s。2013 年，MINIE 已经完成了量产车型产品研发，并通过了多项碰撞测试。

宝马 i3 电动汽车于 2014 年 9 月在我国正式上市，提供纯电动和混动车型。充电方面，使用家庭 220 V 电源充电，充满需要 8 h，而在宝马专用充电装置下充电，只需 1 h，充满电后可行驶 130~160 km。宝马 i3 电动汽车如图 1-6 所示。

图1-6 宝马i3电动汽车

2004年特斯拉公司开始研发特斯拉跑车。2011年，由特斯拉公司制造的全尺寸高性能纯电动轿车特斯拉ModelS进入量产阶段，在2021年度全球销量达到2万辆。2016年特斯拉公司在美国发布Model3。在2021年度特斯拉Model3全球销量突破50万辆。特斯拉Model3如图1-7所示。

图1-7 特斯拉Model3

6. 国内电动汽车的发展

创立于1995年的比亚迪，总部位于深圳。2003年，比亚迪成为全球第二大充电电池生产商，同年收购了秦川汽车组建比亚迪汽车。短短一年内，比亚迪汽车的产品线由原来单一的福莱尔微型轿车，迅速扩充为包括A级燃油车、C级燃油轿车、锂离子电动汽车、混合动力汽车在内的全线产品。

比亚迪凭借着在电池领域的积累，近些年在新能源汽车领域取得的成绩是显而易见的——新能源私人乘用车销量名列前茅，电动大巴等远销欧美市场。比亚迪纯电动汽车"元EV360"如图1-8所示。

北京新能源汽车股份有限公司成立于2009年，是世界500强企业北汽集团旗下的新能源公司，是国内纯电动乘用车企业中产业规模大、产业链完整、市场销量大、用户覆盖面广、品牌影响力大的企业。公司现已形成立足我国、辐射全球的产业布局，是国内首个获得新能源汽车生产资质、首家进行混合所有制改造、首批践行国有控股企业员工持股的新能源汽车企业，成为制造型企业转型升级与国有企业改革创新的典范。

图 1-8　比亚迪纯电动汽车 "元 EV360"

北汽新能源主要产品包括 EU 系列、EX 系列、EC 系列、EV 系列及 EH 系列纯电动汽车，纯电动物流车等。经过 4 年多的发展积累，北汽新能源已掌握整车系统集成与匹配、整车控制系统、电驱动系统三大关键核心技术，旗下多款产品已投入市场或示范运营，图 1-9 为北汽新能源 EU 系列车型。

图 1-9　北汽新能源 EU 系列车型

1997 年，吉利进入汽车行业，将核心业务集中在汽车开发和生产上。吉利以不断地技术创新、人才开发、增强核心竞争力为核心，致力于可持续发展。

吉利一直在开发新能源、共享移动、车辆网络、自动驾驶、汽车微芯片、低轨道卫星和激光通信等尖端技术，为未来多维移动生态奠定了基础。

吉利新能源主要产品有帝豪 GSe、帝豪新能源、帝豪 GL 新能源等，其中 EV450、EV500、GSe 等车型已投入市场或示范运营。吉利帝豪 GSe 纯电动汽车如图 1-10 所示。

图 1-10　吉利帝豪 GSe 纯电动汽车

　　蔚来是立足全球的初创品牌，已在圣何塞、慕尼黑、伦敦、上海等 13 个城市设立了研发、设计、生产和商务机构，汇聚了数千名世界顶级的汽车硬件、软件和用户体验方面的行业人才。如今互联网思维在不断挑战传统行业，汽车行业也一样，赫赫有名的蔚来、小鹏、理想等造车新势力正是在这样的背景下，用新思维掀起一轮又一轮的革新运动。

　　蔚来将自己定义为从事高性能智能电动汽车研发的公司。它由顶尖互联网企业和企业家投资数亿美金创建，致力于成为一家有中国背景、全球化的汽车公司，拥有国际化团队、具有全球竞争力的汽车公司。其天生自带的互联网性质、FormulaE（赛车运动，一般指电动方程式）中的好成绩，让蔚来持续获得关注，目前也已经有了量产车型。蔚来 ES8 纯电动汽车如图 1-11 所示。

图 1-11　蔚来 ES8 纯电动汽车

任务实施

新能源汽车的定义与发展	工作任务单	班级： 姓名：
结合所学内容，解释以下术语		

序号	术语	定义
1	奥托循环	
2	二冲程内燃机	
3	电动汽车	
4	混合动力汽车	

写出下图各车的名称和特点			

序号	车	名称	特点
1			
2			

简述转子发动机的工作原理

拓展知识

一、新能源汽车维护的意义

与传统汽车维护与保养一样，新能源汽车的日常维护工作，归纳起来就是：清洁、紧固、检查、补充。保持车辆干净、整洁，防止水和灰尘腐蚀车身及零部件；在车辆行驶一定里程后，要对车辆各部件连接处的螺栓进行检查、调整，发现有松动的地方要按要求及时拧紧，消除事故隐患，保证行车安全；对各运动部件的润滑，保证车辆各运动部件正常运转、减小运转阻力、降低温度、减少磨损。

定期保养主要以检查和调整为主，对制动、转向、传动、悬架等系统的定期检查是每一类型的汽车保养都要进行的，这样可以拥有安全的驾驶环境。新能源汽车还需要对特有的高压（HV）系统进行相应检查，譬如对高压线缆外观的检查、插接头连接是否松动的检查，对车载充电机、高压控制盒、DC-DC 变换器、电机控制器（PEU）、驱动电机、动力蓄电池、空调压缩机、PIC 等高压器件外观的检查，对绝缘性能的测试；还需要对各个模块如整车控制模块（vehicle control unit，VCU）、动力蓄电池管理模块（battery management system，BMS）等进行相应的升级等。总之，通过定期检查和保养，可以及时发现和解决存在的隐患及故障，避免更大故障的发生。

二、汽车维护的周期

汽车维护周期是指汽车进行同级维护之间的间隔期（行驶里程或时间）。我国国家标准《汽车维护、检测、诊断技术规范》（GB/T 18344—2016）关于汽车维护周期的规定如下。

（1）日常维护的周期为出车前、行车中和收车后。

（2）汽车一、二级维护周期的确定，应该以汽车的行驶里程或时间为基本依据。汽车一、二级维护行驶里程依据车辆使用说明书的有关规定，同时依据汽车使用条件的不同，由省级交通行政主管部门规定。

（3）对于不便用行驶里程统计、考核的汽车，可用行驶时间间隔确定一、二级维护周期。其时间（天）间隔可依据汽车使用强度和条件的不同，参照汽车一、二级维护里程周期确定。

吉利 EV450 纯电动汽车的维护周期（见表 1-1）是以汽车累计行驶里程（10 000 km）为参考的，分为 A 级维护与 B 级维护。根据整车驾驶性能及供应商要求，整车将在维护时进行软件更新。

表 1-1 吉利 EV450 纯电动汽车的维护周期

类别	维护项目	累计行驶里程/km					
		10 000	20 000	30 000	40 000	50 000	以此类推
A 级维护	全车维护	√		√		√	
B 级维护	高压、安全检查维护		√		√		√

🌀 课后练习

一、填空题

（1）新能源是指_____的各种能源形式，刚开始开发利用或正在积极研究、有待推广的能源，如太阳能、地热能、风能、海洋能、生物质能和核聚变能等。

（2）在蒸汽机出现之前，人们的代步车辆大多为_____和畜力车。

（3）_____曾推动了机械工业甚至社会的发展，并为汽轮机和内燃机的发展奠定了基础。

二、判断题

（1）法国工程师居纽制造了世界上第一辆蒸汽驱动的三轮汽车。　　　　（　　）

（2）苏格兰人德文博特制造了一辆电动三轮车，当时这辆电动三轮车采用的能源是不可充电的简单玻璃封装电池。　　　　（　　）

（3）福特公司开发了 F 型车，并在汽车发展史上首次实现了标准化大批量生产。

（　　）

新能源汽车维修作业安全规范与注意事项

 案例导入

你被安排到售后车间负责新能源汽车的维修岗位，一辆 2018 款吉利 EV450 客户来店进行保养，客户咨询保养需要做哪些项目，请你为他讲解并普及相关保养知识。

知识储备

一、电气危害及防护

电气危害及防护

1. 高压电

考虑到空气的湿度和人体在不同工作环境下的电阻，根据不同电压等级可能对人体产生的伤害和危险程度不同，在电动汽车中，一般按照类型和数值将电压分为两种级别，见表 1-2。

表 1-2　电动汽车中电压类型和数值

电压级别	工作电压 U/V	
	DC（直流）	AC（交流 50~150 Hz）
A	$0 < U \leq 60$	$0 < U \leq 25$
B	$60 < U \leq 1\ 000$	$25 < U \leq 660$

（1）A 级：较为安全的电压等级。直流电压小于等于 60 V；交流电压小于等于 25 V。在此电压范围内的维护人员不需要采取特殊的放电保护。

（2）B 级：对人体会产生伤害，被认为是高压。在该电压下必须采取必要的防护设备对维护人员进行保护。

在电动汽车中，高低压的定义与常规定义有所不同，低压通常指的就是 12 V 电源系统的电气线路的电压，而高压主要指的是动力电池及相关线路的电压。电动汽车的高压具有如下特点。

（1）高压系统的电压一般都在 200 V 以上。例如，大多数的电动汽车或混合动力汽车的动力电池电压都在 280 V 左右。

（2）高压存在的形式既有直流，也有交流。这包括动力电池供电的直流电，也有充电时 220 V 电网交流电，以及电机工作时的三相交流电。

（3）高压系统对绝缘的要求更高，大多数传统汽车上设计的绝缘材料，当电压超过200 V时可能就变成了导体，因此在电动汽车上的绝缘材料需要具有更高的绝缘性能。

（4）高压系统对正负极距离有要求。在12 V电压情况下，正负极之间的距离很近时才会有击穿空气的可能性，但是当电压高达200 V时，正负极之间有很大的距离时也会发生击穿空气而导电，即产生常说的电弧。

为防止意外触及高压系统电路，电动汽车对高压部件均采用特殊的标志或颜色，对维修人员或车主给予警示。电动汽车通常采用两种形式进行高压标志警示：高压警示标志和导线颜色。

2. 电动汽车中的高压部件

纯电动汽车的高压部件壳体上都带有一个标志，售后服务人员或车主均可通过标志直观看出高压可能带来的危险，所用警示牌都基于国际标准危险电压警示标志。如图1-12所示，高压警示标志采用黄色底色或红色底色，图形上布置有高压触电国家标准符号。

图1-12 新能源汽车高压警示标志

由于高压导线可能有几米长，因此在一处或两处通过警示牌标记意义不大。售后服务人员可能会忽视这些警示牌。目前，车企用橙色警示色标记出所有高压导线，高压导线的某些插接器和高压安全插接器也采用橙色设计，如图1-13所示。

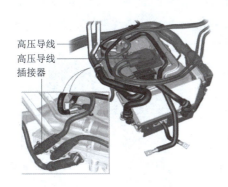

高压导线
高压导线
插接器

图1-13 高压导线

纯电动汽车和混合动力汽车都设计有高压部件。纯电动汽车高压部件主要分布在车辆底部和前舱，高压部件主要包括驱动电机控制器、高压配电箱、车载充电机、高压导线、充电插头、动力电池、驱动电机及减速器、充电插座、电动压缩机和PTC加热器等，如图1-14所示。

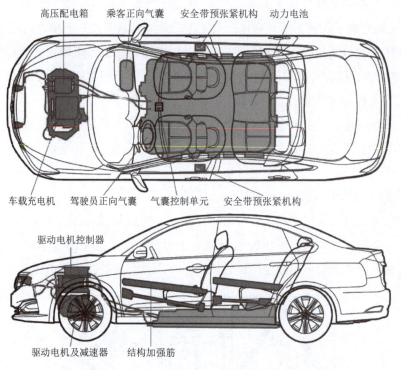

高压配电箱　乘客正向气囊　安全带预张紧机构　动力电池

车载充电机　驾驶员正向气囊　气囊控制单元　安全带预张紧机构

驱动电机控制器

驱动电机及减速器　结构加强筋

图1-14　纯电动汽车高压部件

二、高压作业安全规定

1. 高压安全防护工具和绝缘维修工具

1）高压安全防护工具

（1）绝缘垫。绝缘垫是具有较大的电阻率和耐电击穿的胶垫，主要在电动汽车维护时铺在地面，起到绝缘作用，在雨季湿度大或地面潮湿时，绝缘垫就更加重要了。

（2）放电工装。新能源汽车上有许多大电容，断电后电容中储存的电能还没有释放，这时进行高压操作有触电危险，需要使用放电工装放电后才能进行操作。

（3）绝缘手套。绝缘手套（见图1-15）由天然橡胶制成，起到保护人体的作用，具有防水、防电、防油、防化、耐酸碱等功能。绝缘手套是操作高压电气设备时重要的绝缘防护装备，使用6个月必须进行预防性试验，绝缘手套检查方法如图1-16所示。

高压作业安全规定

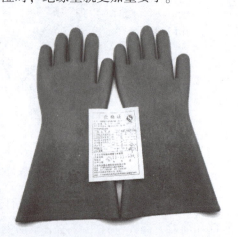

图1-15　绝缘手套

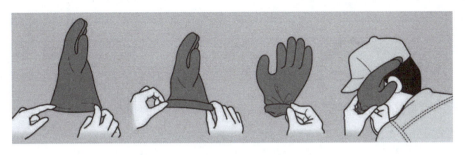

图 1-16　绝缘手套检查方法

当绝缘手套变脏时，需要用肥皂和温度不超过 65 ℃ 的清水冲洗，然后彻底干燥并涂上滑石粉。清洗后，如果发现仍然黏附有像焦油或油漆之类的混合物，应立即用清洁剂清洗此部位（但清洁剂不宜过多），然后立即冲洗。绝缘手套应存放在干燥、阴凉、通风的地方，并倒置在指形支架或存放在专用的储存柜内，绝缘手套上不得堆压任何物品。

（4）皮手套。皮手套（见图 1-17）在拆除及安装高压部件时使用，套在绝缘手套的外面，起到保护绝缘手套的作用。

（5）绝缘头盔。当电动汽车处于举升状态进行维护时应使用绝缘头盔（见图 1-18）。使用前，应检查绝缘头盔有无开裂或损伤，有无明显变形，下颚带是否完好、牢固。佩戴时，适当调整并系好下颚带。

图 1-17　皮手套

图 1-18　绝缘头盔

（6）防护目镜。检查和维护电动汽车时需要佩戴防护目镜（见图 1-19）。防护目镜主要防止电弧伤眼。使用前，检查防护目镜是否有裂痕、损坏。

（7）绝缘鞋。绝缘鞋（见图 1-20）是在高压操作时使人体与大地绝缘的防护工具，一般在较为潮湿的场地使用。穿绝缘鞋前，检查鞋面是否有磨损，鞋面是否干燥，鞋底是否断裂。绝缘鞋应放在干燥、通风的地方，不能随意摆放，避免接触高温、尖锐物品，以及酸、碱、油类物品。

图 1-19　防护目镜

图 1-20　绝缘鞋

2）绝缘维修工具

绝缘维修工具如图 1-21 所示。绝缘维修工具与传统维修工具相比，两者用法相同，但多加了抗高压的绝缘层，要求绝缘柄耐电压1 000 V 以上，从而保障维修人员的人身安全。

绝缘维修工具包括绝缘扳手、绝缘开口扳手、绝缘螺丝刀、验电笔、绝缘套筒扳手等。

绝缘维修工具在使用前都要检查有无破损、金属刺穿等受损情况，若有则不能再用于

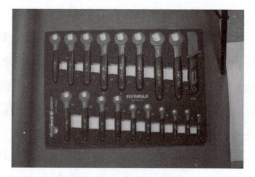

图 1-21　绝缘维修工具

高压维修作业。还要检查有无潮湿、沾水以及脏污，若有则需要清理待恢复性能才能再次使用。

绝缘维修工具使用完要放在阴凉、干燥的地方，定期用绝缘测试仪检查绝缘维修工具最薄弱处的绝缘电阻值，若小于 1 MΩ 则禁止使用。

2. 新能源汽车高压安全防护

1）维修开关

为了确保维修人员在对电动汽车进行操作时没有触电危险，大多数车辆设计了维修开关。当断开维修开关时，动力电池的高压电输出立即中断，然后需要等 5 min 才能接触高压部件。

2）高压互锁

（1）结构互锁。当电动汽车的高压系统中某个插接器被带电断开时，动力电池管理器便会检测到高压互锁回路存在断路，为保护人员安全，将立即发出警告并断开主高压回路电气连接，同时激活主动泄放。

（2）功能互锁。当车辆在进行充电或插上充电枪时，电动汽车的高压电控系统会限制整车不能通过自身驱动系统驱动，以防止可能发生的线束拖曳或安全事故。

3）碰撞保护

当车辆发生碰撞时，动力电池管理器检测到碰撞信号大于一定阈值时，会切断高压系统主回路的电气连接，同时通知电机控制器激活主动泄放，从而可使发生碰撞时的短路危

险、人员电击危险降至最低。

4）高电压自放电

电机控制器中含有主动泄放回路，当检测到车辆发生较大碰撞、高压回路中某处插接器出现断开状态、高压电控部件存在开盖情况，主动放电回路会在 5 s 内把预充电容电压降低到 60 V 以下，迅速释放危险电能，以保障人员安全。在高压电路内设计有主动泄放回路的同时，电机控制器、空调驱动控制器等内部含有高压部件并设计有被动泄放回路，作为主动泄放失效的二重保护，可在 2 min 内把预充电容电压降低到 60 V 以下。

5）短路保护电路

短路保护通常使用熔断器对电路进行保护，与传统汽车相比，电动汽车涉及高压电，熔断器的规格相对更高，如 80 A、100 A 等。熔断器主要是为了保护其他元件不会因过热而烧坏，熔断器断路后达到断电、保护电路的目的。

6）绝缘监控电路

为保障人员免遭触电风险，高压系统应当设置绝缘电阻对电路进行监控，若绝缘电阻的电阻值过小，整车电路应当发出接触器断开指令。

7）漏电保护

很多电动汽车具有内部控制漏电保护功能，当出现漏电时，高压控制总成或高压配电箱中相应传感器将信号反馈给动力电池管理器，动力电池管理器可立即作出反应，进行动力电池母线自动断电、高压泄放（高压泄放是指高压的电控部件存在异常问题时，在几秒内将高压降到一定电压以下，以保障人身安全）。

8）开盖检测保护

部分电动汽车的重要高压电控部件具有开盖检测保护机构（见图 1-22），当发现这些部件的盖子在整车高压回路未断开的情况下打开时，会立即发出警告，同时断开高压主回路电气连接，并激活主动泄放回路。

图 1-22　某车型电机控制器内的开盖检测保护机构

任务实施

新能源汽车维修作业 安全规范与注意事项	工作任务单	班级： 姓名：
结合所学内容，解释以下术语		

序号	术语	定义
1	电压的类型和数值	
2	绝缘维修工具	
3	高压互锁	
4	漏电保护	
5	维修开关	

写出下图各防护工具的名称和特点			
序号	防护工具	名称	特点
1			
2			

简述开盖检测保护功能
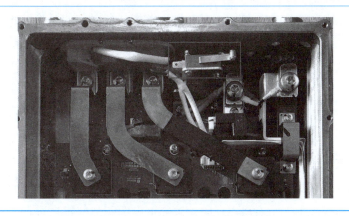

 拓展知识

一、高电压安全隐患

无论是纯电动汽车，还是混合动力汽车，其电压和电流等级都比较高。动力电池的电压一般在 300~600 V，正常工作时，电流可达几百安。

人体电阻主要是由体内电阻、体表电阻、体表电容组成。人体电阻随着条件不同在很大范围内变化，但是一般不低于 1 kΩ。我国民用电网中的安全电压多采用 36 V，大体相当于人体允许电流 30 mA（以人体电阻为 1 200 Ω 计算）的情况，这就要求人体可接触的新能源汽车两个带电部位的电压要小于 36 V。

对于系统中的高电压部件，假如由于内部破损或者潮湿，有可能会传递给外壳一个电势。如果两个部件外壳具有不同电势，在两个外壳之间会形成具有危险性的电压。此时，如果手触及这两个部件，就会发生触电的危险。

人体没有任何感觉的电流阈值是 2 mA。这就要求如果人或其他物体构成动力电池系统（或"高电压"电路）与搭铁之间的外部电路，最坏的情况下泄漏电流不能超过 2 mA，即人直接接触电气系统任一点时，流过人体的电流都小于 2 mA。

二、危险运行工况下的安全隐患

新能源汽车由于存在高电压，因此在行驶中发生事故时，如果没有很好的安全设计，很容易发生安全问题，这些安全隐患如下。

（1）高压系统短路。当动力系统的高压导线短路时，将会导致动力电池瞬间大电流放电，此时动力电池和高压线束的温度迅速升高，将会导致动力电池和高压线束燃烧，严重时还可能引起电池爆炸。若动力电池的高压母线与车身短路，乘员可能会触碰到动力电池的高压电，从而产生触电伤害。

（2）发生碰撞或翻车。当纯电动汽车发生碰撞或翻车时，可能导致动力系统高压短路，此时动力系统瞬间产生大量热量，存在发生燃烧甚至爆炸的风险。此外，还可能造成高压零部件脱落，对乘员造成触电伤害。如果动力电池受到碰撞或因为燃烧导致温度过高，有可能造成电池电解液泄漏，对乘员造成伤害，发生碰撞或翻车还会对乘员造成机械伤害。

（3）涉水或遭遇暴雨。当纯电动汽车涉水或遭遇暴雨等恶劣天气条件时，由于雨水浸蚀，高压的正极与负极之间可能出现绝缘电阻变小甚至短路的情况，可能引起电池燃烧、漏液甚至爆炸，若电流流经车身，可能使乘员有触电风险。

（4）充电时车辆的无意识移动。车辆在充电时如果发生移动，可能会造成充电电缆断裂，使乘员以及车辆周围人员有触电风险；若充电电缆断裂前正在进行大电流充电，还可能造成电池的高压接触器粘连，从而进一步增大人员的触电风险。

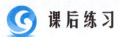

课后练习

一、填空题

（1）在电动汽车中，一般将电压按照类型和_____分为两个级别。

（2）高压存在的形式既有直流，也有交流。这包括动力电池供电的直流电，也有充电时 220 V 电网交流电，以及电机工作时的_____。

（3）为防止意外触及高压系统电路，电动汽车对高压部件均采用特殊的标志或颜色，对维修人员或车主给予警示，电动汽车通常采用两种形式进行高压标志警示：_____和导线颜色。

二、判断题

（1）高压部件主要包括铅酸蓄电池、驱动电机控制器、高压配电箱、车载充电机、高压导线、动力电池、驱动电机及减速器、电动压缩机和 PTC 加热器等。　　　（　　）

（2）绝缘垫是具有较大的电阻率和耐电击穿的胶垫，主要在电动汽车维护时铺在地面，起到绝缘作用。　　　（　　）

（3）绝缘维修工具与传统维修工具相比，两者用法相同，但多加了抗高压的绝缘层，要求绝缘柄耐电压 1 000 V 以上，从而保障维修人员的人身安全。　　　（　　）

认知新能源汽车驱动电机

 案例导入

某客户新买了一辆比亚迪秦轿车，但该客户缺乏对该车辆的了解，作为专业人员，你需要从电机术语和定义、电动汽车驱动电机系统的组成和电动汽车驱动电机的分类等方面为客户进行讲解。

新能源汽车
驱动电机认知

 知识储备

思政拓展：
大国重器——电机

一、电机术语和定义

1. 驱动电机系统

驱动电机系统是指通过有效的控制策略将动力电池提供的直流电转化为交流电，实现电机的正转以及反转控制，在减速/制动时将电机发出的交流电转化为直流电，将能量回收给动力电池或者提供给超级电容等储能设备供给二次制动使用的系统，如图 2-1 所示。

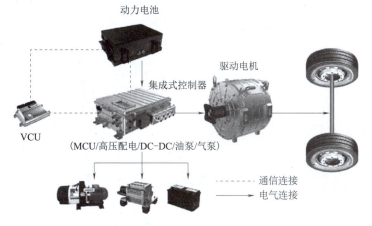

图 2-1 驱动电机系统

2. 驱动电机

驱动电机是指将电能转换成机械能，为车辆行驶提供驱动力的电气装置。该装置也可具备机械能转化成电能的功能，如图2-2所示。

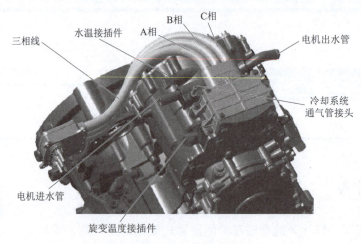

图2-2　驱动电机

3. 驱动电机控制器

驱动电机控制器是指控制动力电源与驱动电机之间能量传输的装置，由控制信号接口电路、驱动电机控制电路和驱动电路组成，如图2-3所示。

图2-3　驱动电机控制器

4. 直流母线电压

直流母线电压是指驱动电机系统的直流输入电压。

5. 额定电压

额定电压是指直流母线的标称电压。

6. 最高工作电压

最高工作电压是指直流母线电压的最高值。

7. 输入输出特性

输入输出特性表示驱动电机、驱动电机控制器或驱动电机系统的转速、转矩、功率、效率、电压、电流等参数间的关系。

8. 持续转矩

持续转矩是指规定的最大、长期工作的转矩。

9. 持续功率

持续功率是指规定的最大、长期工作的功率。

10. 工作电压范围

工作电压范围是指能够正常工作的电压范围。

11. 转矩-转速特性

转速特性一般是形容频率的曲线，转矩特性是确定电压变化的曲线。

12. 峰值转矩

峰值转矩是指电机可以达到的并可以短时工作而不出现故障的最大转矩值。

13. 堵转转矩

堵转转矩是指机械设备转速为零（堵转）时的力矩。

14. 最高工作转速

最高工作转速是指达到最高功率时呈现出来的最高速度。

二、电动汽车驱动电机系统的组成

驱动电机系统是电动汽车和混合动力汽车的核心组成部分，其主要由电机、功率转换器、电机控制器和电源（蓄电池）构成，其任务是在驾驶员的控制下，高效率地将蓄电池的电能转化为驱动车轮的动能，或者在车辆制动时，将制动能量回收至蓄电池中。典型驱动电机系统的基本组成如图 2-4 所示。电动汽车的驱动电机系统主要根据以下因素来选择：驾驶员对行驶性能的期望、车辆规定的性能参数及车载能源的性能。驾驶员对行驶性能的期望主要由包括加速性能、最高车速、爬坡能力、制动性能和行驶里程在内的行驶循环予以定义。

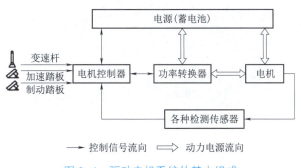

图 2-4 驱动电机系统的基本组成

1. 驱动电机

早期的电动汽车主要采用直流电机作为驱动电机，控制方法简单易行，但是其缺点为换向器和电刷需要经常维护，因而限制了其应用的范围。随着现代电力电子技术的发展，交流驱动电机系统逐渐取代了直流驱动电机系统。

2. 功率转换器

功率转换器根据所选的电机类型可分为直流-直流（DC-DC）变换器和直流-交流（DC-AC）变换器，其作用是根据整车控制器对电机输出转矩的要求，将蓄电池的电压与电流转换为控制电机所需的特定电压和电流。功率转换器中包括各种检测传感器，对电机的电压、电流、转速、转矩及温度进行检测，从而提高电机的控制性能。功率转换器如图2-5所示。

图2-5　功率转换器

3. 电机控制器

电机控制器是电动汽车特有的核心功率电子单元，通过接收整车控制器的行驶控制指令，控制电机输出指定的转矩和转速，驱动车辆行驶；另外，在能量回收过程中，电机控制器还要负责将驱动电机副转矩产生的交流电进行整流回充给动力电池，如图2-6所示。

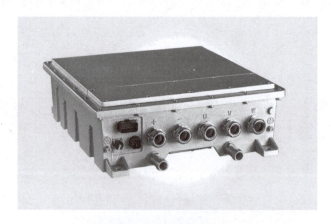

图2-6　电机控制器

4. 能源系统

含体积和重量在内的车辆性能约束取决于车型、车重和载重量。能源系统与蓄电池、燃料电池、超级电容器、飞轮及各种混合型能源相关联。因此，能源系统的特性优选和组件选择过程必须在系统层面上实施，必须研究各子系统间的相互作用及权衡选择对系统可能的影响，如图 2-7 所示。

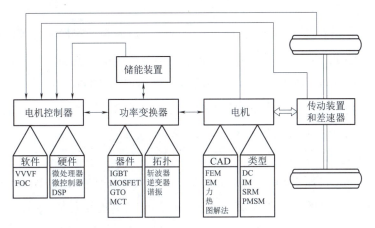

图 2-7　能源系统

三、电动汽车驱动电机的分类

电动汽车驱动电机按照结构、工作原理及常用电源性质的不同，可分为永磁直流电机、直流电机、交流异步电机、永磁无刷直流电机、同步电机和开关磁阻电机（SRM）等。早期应用的直流电机虽然易于控制，调速性能好，但是由于存在换向装置而可靠性较低，维修成本也较高。随着交流变频调速技术和机械制造技术的发展，交流异步电机、永磁同步电机（PMSM）和开关磁阻电机的优势逐渐凸显，在电动汽车领域获得了广泛应用。电动汽车驱动电机的分类如图 2-8 所示。

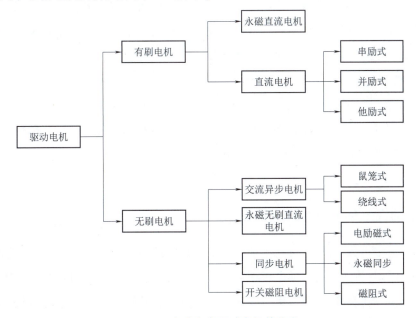

图 2-8　电动汽车驱动电机的分类

四、几种驱动电机的性能比较

1. 直流电机

直流电机具有结构简单、价格低廉、控制简单、启动和调速性能好等优点，早期电动汽车均采用直流电机作为动力源，目前直流电机仍是低速小型电动汽车的首选。同时，直流电机也存在一些缺点，首先其转速范围较窄，最高仅为 6 000 r/min 左右，其次其功率密度和效率都不高，而且其尺寸和质量也相对较大，增加了整体质量。这些缺点都制约了直流电机在中大型电动汽车上的应用。

2. 交流异步电机

交流异步电机是目前电动汽车领域运用最广泛的电机，由于电子控制技术的迅速发展，交流异步电机曾经的技术瓶颈都得到了突破，上汽集团的荣威 ERX5、特斯拉公司的 ModelS 等中高端电动车均采用交流异步电机。它具有质量和体积较小、调速范围宽、响应迅速等优点，但其所使用的交流电必须通过逆变器将电池输出的直流电转换为交流电，这加大了控制系统的复杂程度，提高了成本。

3. 永磁同步电机

永磁同步电机目前主要应用在高端电动汽车上，除了具有效率高、体积和质量小、调速范围宽等优点外，其最大的优点是电机启动时电流冲击小，电流随负载变化小，能够提高高端车型的乘坐舒适性。但其高昂的成本、复杂的控制系统也拉高了使用门槛。

4. 永磁无刷直流电机

永磁无刷直流电机是一种利用单块或多块永磁体来构造磁场的直流电机，它的性能接近恒定励磁电流的他励式直流电机，它的调速过程可以通过改变电枢电压来实现。跟他励式直流电机相比，其具有体积更小、效率更高、结构简单等优点，是小功率直流电机的主要类型，目前广泛应用于汽车、摩托车等领域。

5. 开关磁阻电机

开关磁阻电机目前还未得到广泛应用，但其具有很大的开发潜力。开关磁阻电机不仅结构简单，体积和质量小，而且调速范围宽。但其控制系统复杂，而且在负载时会产生振动噪声，负载效率不高。目前这些问题还未得到很好地解决，在未来这些问题解决后开关磁阻电机可能会得到广泛应用。

五、电动汽车对驱动电机的要求

电动汽车上的驱动电机与常规工业用电机有很大的不同，工业用驱动电机通常工作在额定的工况，而电动汽车用驱动电机通常频繁地运行在驱动/制动、加速/减速等不同工况中，要求低速或爬坡时具有高转矩，高速行驶时则具有低转矩，并且应具有较大的调速范围。电动汽车对驱动电机性能的具体要求主要包括如下几点。

1. 过载能力强

为保证车辆具有较好的动力性，要求电机具有较好的转矩过载和功率过载能力，峰值转矩一般为额定转矩的 2 倍以上，峰值功率一般为额定功率的 1.5 倍以上，且峰值转矩和峰值功率的工作时间一般要求在 5 min 以上。

2. 转矩响应快

电动汽车驱动电机一般采用低速恒转矩和高速恒功率的控制方式，要求转矩响应快、波动小、稳定性好。

3. 调速范围宽

要求驱动电机具有较宽的调速范围，最高转速是基速的 3 倍以上，并且能够四象限工作。

4. 功率密度高

为便于驱动电机及其控制系统在车辆上的安装布置，要求系统具有很高的功率密度。

5. 可靠性高和具有一定的容错运行能力

电动汽车的驱动电机应该能够在恶劣环境下长期正常工作，还应具有机械强度高，抗震性好，耐温、耐潮性能强，电磁兼容性好，易于维护等特性。

6. 能够实现能量回馈

能量回馈性能的好坏对车辆的续驶里程、运行性能和能源利用率等有着重要的影响。电动汽车在减速或制动时对车辆的制动能量进行部分回收，使车辆具有更高的能量利用率。

7. 成本低

电动汽车要取得与燃油汽车竞争的优势，在满足性能要求的前提下必须考虑降低各零部件的成本，而驱动电机成本的高低是决定电动汽车是否能够产业化的一个重要因素。

六、电机的工作原理

1. 交流电机的工作原理

单相交流异步电机通过电容移相作用，将单相交流电分离出另一相位差90°的交流电。将这两相交流电分别送入两组或四组电机线圈绕组，就在电机内形成旋转的磁场，旋转磁场在电机转子内产生感应电流，感应电流产生的磁场与旋转磁场方向相反，转子被旋转磁场推拉进入旋转状态，转子必须切割磁力线才能产生感应电流，因此转子转速必须低于旋转磁场转速，故称异步电机。

三相交流异步电机不必通过电容移相，本身就有相位差120°的三相交流电，故产生的旋转磁场更均匀，效率更高。

永磁同步电机的磁场由永久磁铁产生，转子线圈通过电刷供电，转速与交流电频率为整倍数（分数）关系（视转子线圈绕线数而定），故称同步电机。

2. 直流电机的工作原理

直流电机主要由定子和转子两大部分组成。定子上有磁极（绕组式或永磁式），转子上有绕组，通电后转子上形成磁场（磁极），定子和转子的磁极之间有一个夹角，在定、转子磁场（N极和S极之间）的相互吸引下而使电机旋转。改变电刷的位置，就可以改变定、转子磁极夹角（假设以定子的磁极为夹角起始边，转子的磁极为另一边，由转子的磁极指向定子的磁极的方向就是电机的旋转方向）的方向，从而改变电机的旋转方向。

七、两种直流电机的结构

1. 永磁直流电机

永磁直流电机由永磁体、转子绕组、电刷和机壳等组成，如图2-9所示。

轴心　机壳　转子芯　永磁体　转子绕组　电刷　轴承　端盖

图 2-9　永磁直流电机

定子磁极采用永磁体（永久磁铁，有铁氧体、铝镍钴、钕铁硼等材料），其按结构形式可分为圆筒型和瓦块型等。

转子一般采用硅钢片叠压而成，漆包线绕在转子铁芯的两槽之间（三槽即有三个绕组），各接头分别焊在换向器的金属片上。

电刷是连接电源与转子绕组的导电部件，具备导电与耐磨两种性能。永磁直流电机的电刷多使用单性金属片、金属石墨电刷或电化石墨电刷。

2. 永磁无刷直流电机

永磁无刷直流电机由永磁体转子、多极绕组定子和位置传感器等组成。

永磁无刷直流电机的特点是无刷，采用半导体开关器件（如霍尔元件）来实现电子换向，即用电子开关器件代替传统的接触式换向器和电刷。它具有可靠性高、无换向火花、机械噪声低等优点，如图2-10所示。

位置传感器按转子位置的变化，沿着一定次序对定子绕组的电流进行换流（即检测转子磁极相对定子绕组的位置，并在确定的位置处产生位置传感信号，经信号转换电路处理

图 2-10 永磁无刷直流电机

后控制功率开关电路，按一定的逻辑关系进行绕组电流切换）。

永磁无刷直流电机的位置传感器有磁敏式、光电式和电磁式三种类型。

（1）磁敏式。采用磁敏式位置传感器的永磁无刷直流电机，其磁敏传感器件（如霍尔元件、磁敏二极管、磁敏三极管、磁敏电阻器等）装在定子组件内，用来检测永磁体、转子旋转时产生的磁场变化。电动汽车多用霍尔元件。

（2）光电式。采用光电式位置传感器的永磁无刷直流电机，在定子组件上按一定位置配置光电传感器件，转子上装有遮光板，光源为发光二极管或小灯泡。转子旋转时，由于遮光板的作用，定子上的光敏元器件将会按一定频率间歇产生脉冲信号。

（3）电磁式。采用电磁式位置传感器的永磁无刷直流电机，在定子组件上安装电磁传感器部件（如耦合变压器、接近开关谐振电路等），当永磁体转子位置发生变化时，电磁效应将使电磁传感器产生高频调制信号（其幅值随转子位置而变化）。

定子绕组的工作电压由位置传感器输出控制的电子开关电路提供。

八、电机故障的检修

电机故障有机械故障与电气故障两大类，机械故障比较容易发现，而电气故障就要通过测量电压或电流进行分析判断了。以下介绍电机常见故障的检测与排除方法。

1. 电机的空载电流大

当电机的空载电流大于极限数据时，表明电机出现故障。电机空载电流大的原因有电机内部机械摩擦大、线圈局部短路、磁钢退磁。通过有关的测试与检查项目，可以进一步判断出故障原因或故障部位。比如检测电机的空载/负载转速比：首先打开电源，使电机高速空载转动 10 s 以上，等电机转速稳定以后，测量此时电机的空载最高转速；其次在标准测试条件下，行驶 200 m 距离以上，开始测量电机的负载最高转速；最后当电机的空载/负载转速比大于 1.5 时，说明电机的磁钢退磁已经相当严重了，应该更换整个电机。

2. 电机发热

电机发热的直接原因是电流大。在电动车的整车维修实践中，处理电机发热故障的方法一般是更换电机。

3. 电机在运行时内部有机械碰撞或机械噪声

无论是高速电机还是低速电机，在负载运行时都不应该出现机械碰撞或不连续不规则的机械噪声。不同形式的电机可运用不同的方法进行维修。

4. 整车续驶里程缩短、电机乏力

续驶里程缩短与电机乏力（俗称电机没劲）的原因比较复杂。但是当排除了以上电机故障之后，一般来说，整车续驶里程缩短的故障就排除是电机引起的了，一般与电池容量衰减、充电器充不满电、控制器参数漂移（脉冲宽度调制（PWM）信号没有达到100%）等有关。

5. 无刷电机缺相

无刷电机缺相一般是无刷电机的霍尔元件损坏引起的。可以通过测量霍尔元件输出引线相对霍尔地线和霍尔电源线的电阻，用比较法判断是哪个霍尔元件出现故障。

 任务实施

认知新能源汽车驱动电机	工作任务单	班级：
		姓名：
结合所学内容，解释以下电机术语		

序号	术语	定义
1	驱动电机系统	
2	驱动电机	
3	驱动电机控制器	
4	直流母线电压	
5	最高工作电压	

写出下图各部件的名称和特点			

序号	部件	名称	特点
1			

续表

序号	部件	名称	特点
2			

根据所学，补全以下空白内容

变速杆
加速踏板
制动踏板
电机控制器
各种检测传感器

→ 控制信号流向　⟹ 动力电源流向

拓展知识

一、电动汽车的优越性

1. 排放污染小

电动汽车在行驶过程中尾气的排放量很少甚至没有尾气排放（纯电动汽车），因此，大力发展电动汽车对全球环境改善有着积极的意义。

2. 能源利用率高

传统内燃机汽车的燃油能量转换率不高是个瓶颈，在过去的一个多世纪的发展中，研究人员不断改进内燃机的结构和性能，但其能量转换效率始终没有太大的提高。理想情况下内燃机的能量转换效率约为38%，若考虑实际工况，即考虑汽车的频繁起停、长时间低速行驶、怠速等工况，实际的能量转换效率不到14%。电动汽车以电机为驱动装置，有两大优势：第一，相比于传统内燃机汽车，电动汽车无空转损失，大大节约了能量；第二，电机具有制动能量回收功能，即制动时能将机械能转化为电能储存起来再利用。这两大优势使电动汽车能量转化效率较高。

3. 能源来源多样化

电动汽车使用的能源属于清洁能源，而清洁能源在最近几年发展比较迅速，种类也非常丰富，除人们熟悉的太阳能、风能、电化学能外，还有一些新兴的潮汐能、地热能、核能和氢能等。电动车所需能源的获得途径多种多样，随着清洁能源技术的迅速发展，将以上清洁能源运用于电动汽车上只是时间问题。这些清洁能源在地球上取之不尽、用之不竭，而且合理开发和使用这些清洁能源还可以带动新兴科技产业蓬勃发展。

4. 噪声污染小

传统燃油汽车与电动汽车的主要区别在于传动系统和能量来源两个方面。汽车的传动系统是噪声的主要来源。电动汽车动力传递的灵活性和电机优越的性能在很大程度上减少了噪声的产生，电气控制技术的广泛应用使电动汽车的动力传输系统少了许多机械连接，因而最大限度地减少了摩擦产生的噪声。电动汽车全新的能源管理系统也减少了噪声的产生。

二、电动汽车的整车性能参数定义

在设计传统燃油汽车时，需要对整车性能参数（包括动力性参数、燃油经济性参数等）进行标定。电动汽车也一样，但是由于其动力源为蓄电池中储存的电能，因而在设计电动汽车时需要把续驶里程作为一项重要的指标。故电动汽车的整车性能参数包括最高车速、加速性能、最大爬坡度和续驶里程。

1. 最高车速

最高车速即电动汽车平稳行驶所能达到的最大速度。最高车速的制定主要取决于该电动汽车的市场定位。

2. 加速性能

电动汽车的加速性能主要通过加速时间或者加速距离来评价。良好的加速性能能更快地完成超车、避险等动作，也能给驾驶员带来更好的驾驶感受。通常对加速性能的标定分为起步加速性能和超车加速性能。

3. 最大爬坡度

最大爬坡度是指电动汽车在良好的铺装路面上所能爬升的最大坡度。坡度通常用垂直距离与水平距离之比来表示。

4. 续驶里程

续驶里程表示在满电情况下电动汽车所能行驶的最大里程。该指标是衡量电动汽车性能的重要指标，续驶里程太小会增加充电次数，影响用户使用感受，甚至会导致半路抛锚。

🌀 课后练习

一、填空题

（1）驱动电机系统可通过有效的控制策略将动力电池提供的_____转化为交流电，实现电机的正转以及反转控制。

（2）_____即控制动力电源与驱动电机之间能量传输的装置，由控制信号接口电路、驱动电机控制电路和驱动电路组成。

（3）驱动电机系统是电动汽车和混合动力汽车的核心组成部分，其主要由_____
_____构成。

二、判断题

（1）驱动电机即将电能转换成机械能为车辆行驶提供驱动力的电气装置，该装置也可具备机械能转化成电能的功能。　　　　　　　　　　　　　　　　（　　）

（2）输入特性用于表示驱动电机、驱动电机控制器或驱动电机系统的转速、转矩、功率、效率、电压、电流等参数间的关系。　　　　　　　　　　　　（　　）

（3）良好的加速性能能更快地完成超车、避险等动作，通常对加速性能的标定分为起步加速性能和超车加速性能。　　　　　　　　　　　　　　　　　（　　）

认知电传动系统的典型结构

案例导入

某客户打算购买一辆新能源汽车，但该客户缺乏对该新能源汽车的了解，作为汽车销售人员，你需要从混合动力汽车的驱动形式和纯电动汽车的驱动形式等方面为客户进行讲解。

新能源汽车电传动
系统结构认知

知识储备

一、混合动力汽车的驱动形式

混合动力汽车是由两种或两种以上的动力来进行驱动的，当前大多数的油电混合动力汽车主要由内燃机的热能和电力两种动力进行驱动。

根据内燃机与电力之间连接的方式，可以将混合动力汽车的驱动分为串联式混合动力、并联式混合动力以及混联式混合动力三种形式，如图 2-11 所示。

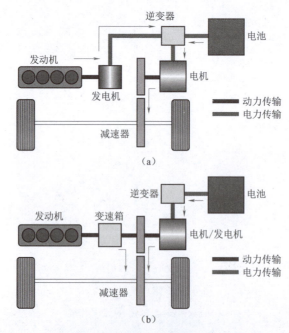

图 2-11　混合动力汽车的驱动形式

（a）串联式；（b）并联式

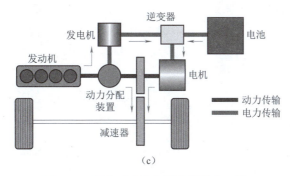

图 2-11 混合动力汽车的驱动形式（续）

（c）混联式

1. 串联式混合动力驱动

串联式混合动力驱动是指车辆的驱动力只来源于驱动电机（即电动机）。其特点是发动机（即内燃机）带动发电机发电，电能通过驱动电机控制器输送给驱动电机，由驱动电机驱动汽车行驶。另外，动力蓄电池也可以单独向驱动电机提供电能驱动汽车行驶。如雪佛兰 VOLT（见图 2-12）即采用这种形式的驱动单元。

图 2-12 雪佛兰 VOLT

1）驱动单元主要结构形式

雪佛兰 VOLT 驱动单元内部设置有单级单排行星齿轮机构、2 个电机（发电机 A、驱动电机 B）和 3 个离合器（C1、C2、C3）、电源转换器模块（PIM）、内燃机（ICE）等，其连接关系如图 2-13 所示。

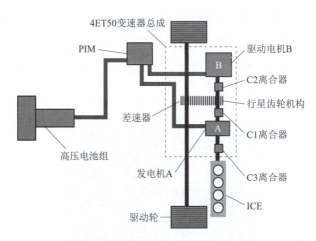

图 2-13 驱动单元主要结构形式

内部行星齿轮机构的太阳轮与驱动电机 B 刚性连接，齿圈受 C1 和 C2 离合器的控制，行星架实现动力输出。

行星齿轮安装于输出行星架总成内，太阳轮与输出太阳轮轴啮合，齿圈与 C2 离合器的外圈及 C1 离合器的内圈配合，C1 离合器工作时，齿圈处于静止状态；C2 离合器工作时，齿圈与发电机 A 连接。

2）驱动单元运行模式

雪佛兰 VOLT 驱动单元有 3 种运行模式，即纯电动单电机驱动模式、纯电动双电机驱动模式、内燃机运行电动驱动模式。

（1）纯电动单电机驱动模式。在该模式下，内燃机处于关闭状态，仅由驱动电机驱动车辆。此时，驱动单元内部的动力传递方式为：C1 离合器接合以保持行星齿轮机构的齿圈处于静止状态，动力电池通过逆变器等部件驱动电机 B 运转，由于行星齿轮机构的齿圈保持静止状态，因此旋转转矩通过行星架输送到差速器，并最终传输到驱动轮上。

（2）纯电动双电机驱动模式。在该模式下，内燃机仍然关闭，通过两个电机驱动车辆，电机 B 提供移动车辆所需的转矩，电机 A 辅助电机 B 驱动车辆行驶。此时，驱动单元内部的动力传递方式为：动力电池为两个电机提供电源动力，电机 A 驱动齿圈，转矩通过行星架输送到差速器齿轮，并通过差速器传递至驱动轮；电机 B 驱动太阳轮，太阳轮驱动行星架的行星齿轮，转矩通过行星架输送到差速器齿轮，并通过差速器传递至驱动轮。

（3）内燃机运行电动驱动模式。该模式下，内燃机运行，并驱动电机 A 产生电能以提供电能至电机 B，将转矩提供至车轮；同时将多余的电能存储在动力蓄电池中。此时驱动单元内部的动力传递形式是：C1 离合器将保持行星齿轮机构的齿圈处于静止状态，C3 离合器将电机 A 与内燃机相连接，电机 A 产生的电能传递给电机 B，驱动太阳轮，由于齿圈保持静止状态，因此旋转转矩则通过行星架传输到差速器，并通过差速器传输到驱动轮上。

2. 并联式混合动力驱动

并联式混合动力驱动是指车辆的驱动力由电机和发动机同时或单独供给。其结构特点是并联式驱动系统可以单独使用发动机或电机作为动力源，也可以同时使用电机和发动机作为动力源驱动汽车行驶，例如，本田 Insight（见图 2-14）即采用这种形式的驱动单元。

图 2-14　本田 Insight

3. 混联式混合动力驱动

混联式混合动力驱动是指具备串联式和并联式两种结构。其特点是可以在串联混合模式下工作，也可以在并联混合模式下工作。混联混合动力多了动力分离装置，动力一部分用于驱动车轮，另一部分用于发电，如丰田普锐斯（见图 2-15）即采用这种形式的驱动单元。

图 2-15　丰田普锐斯

丰田普锐斯混合动力系统采用 P410 混合驱动桥，其主要是由发动机、2 台电动发电机（MG1，MG2）和动力分配行星组件组成，如图 2-16 所示。采用混联形式的丰田普锐斯混合动力汽车有以下几种运行模式。

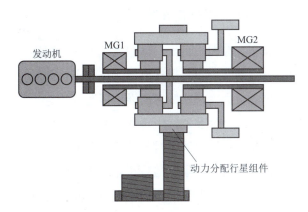

图 2-16　丰田第二代混合动力驱动桥总成结构示意图

1）车辆停止时发动机被起动

车辆停止时电机 MG2 处于静止状态，此时发动机停机不工作。当电源控制电子控制单元（electronic control unit，ECU）模块监测到充电状态（state of charge，SOC）过低或电载荷过大不符合条件需要起动发动机时，电源控制 ECU 模块向主 ECU 发出信号控制电机 MG1 运转从而起动发动机。电机 MG2 处于静止状态，电机 MG1 驱动太阳轮正向旋转，因此行星架连接发动机做正向减速输出运动，即发动机被起动。在发动机被起动的期间，为防止电机 MG2 运转，此时电机 MG2 将接收电流以施加制动。当发动机起动完成后电机 MG1 的驱动电流会立即被切断，此时电机 MG2 仍然静止，发动机带动行星架输入太阳轮正向增速输出，即电机 MG1 被驱动并作为发电机对高压蓄电池进行充电。

2）车辆低负荷工况

车辆发动机在低负荷工况时油耗高、排放高，而丰田普锐斯混合动力汽车的 EV 模式能够仅利用由高压蓄电池向电机 MG2 提供的电能驱动车辆行驶。此时发动机停机不运行，加速踏板开度不大，电机 MG1 反向旋转但不发电。主 ECU 便控制高压蓄电池向电机 MG1 供电使其以较低转速正向旋转从而起动发动机。首先电机 MG1 的驱动电流会使其停止转动，此时发动机已经正向旋转，车速的高低决定了电机 MG1 正向旋转的转速大小；其次当电源控制 ECU 模块接收到发动机已经运转的信号后会立即切断电机 MG1 的驱动电流，已经起动的发动机带动电机 MG1 正向旋转，使其作为发电机对高压蓄电池进行充电。

3）车辆正常行驶工况

车辆在正常行驶状态时，发动机和电机 MG2 一同驱动。此时发动机能够在最佳工况下运转，一部分动力直接输出到驱动车轮，剩余的动力带动电机 MG1 作为发电机发电，通过变频器总成一系列的调整和转换电能驱动电机 MG2 从而输出动力。当高压蓄电池的电量少时，发动机的输出功率会提高，带动电机 MG1 加大发电量向高压蓄电池充电。当车辆由正常行驶状态进入巡航状态时，电机 MG1 的转速有所下降，这样发动机可以在较低的转速下工作，从而提高车辆的经济性。

二、纯电动汽车动力传动系统布置方案

传统燃油汽车动力总成布置存在质量大、体积大、形状不规则等问题，相比于传统燃油汽车，纯电动汽车的动力传动系统布置更加灵活。在汽车行驶时，发动机运转所带来的振动冲击也要明显大于电机，会大大影响乘客的乘坐舒适性。

纯电动汽车电机的布置可以分为前置、中置和后置，驱动形式可以分为前驱、后驱和四驱。由于电机有着良好的输出特性曲线，对于其传动系统而言，既可以与传统燃油汽车一样匹配离合器与变速器，也可以采用固定挡减速器。传统燃油汽车的油箱很容易做成不规则形状，适应整车布置，但动力电池不同，如何合理规划布置方案以安置更多的电池是需要研究的关键性问题。

1. 确定布置方案应考虑的因素

对于纯电动汽车动力传动系统，不同的布置方案有着不同的优点，在选择合理的布置方案时，要全方位考虑车型定位以及消费者的需求。

1）空间布置

电机及其控制系统相对于发动机来说质量、体积都要小得多，比较容易布置，但是动力电池往往会占据较大的空间和质量，电池少又会导致续驶里程短的问题。因此，在布置动力电池时，往往采用的解决方法是将电池拆分成若干小电池包，电池包之间用导线连接，以充分利用整车较小的空间。

2）轴荷合理分配

轴荷的分配直接影响操控稳定性、动力性等，一般来说，整备状态下前后轴载荷比达

到 50∶50 为最佳。纯电动汽车可以将电机、电池包等合理分配位置以达到合理的轴荷分配要求。

3）散热问题

电机与电池运转时会产生热量，若没有良好地通风散热，热量聚集将影响电池和电机的工作状态，甚至产生安全隐患。因此，在布置电池和电机时要充分考虑通风散热问题。此外，控制系统也应当对温度进行实时监控，温度过高时应当介入、调整动力系统工作状态并提醒驾驶员。

4）传动效率

传动效率直接影响着纯电动汽车的续驶里程，因此在布置动力传动系统时，应该尽量减少传输距离和传输角度，减少不必要的能量损失。

5）系统安全性

系统安全性是指纯电动汽车的电力系统不会对驾驶员及乘客造成伤害。纯电动汽车的动力电池通常电压较大，存在短路等安全隐患；在发生碰撞等事故时，也要求动力电池不会因受到挤压而起火或爆炸。为了避免危险情况的发生，能量管理系统应该具备监测动力电池故障以及自行切断电路的功能。

2. 纯电动汽车动力传动系统布置形式

纯电动汽车动力传动系统布置形式目前可以大致分为传统布置形式、机电集成布置形式、机电一体化布置形式和轮毂电机布置形式四种。

1）传统布置形式

传统布置形式是在传统燃油汽车的布置形式上改造而来的，只是将油箱与发动机换成了电池组与电机，因此比较容易实现，是早期纯电动汽车常用的布置形式。但是这种布置形式的传动系统太长，导致传动效率相对较低。由于电机良好的输出特性，在某些车型上也可以用固定速比的减速器替换离合器和变速器结构，这样可以减少整车质量，提高传动效率，如图 2-17 所示。

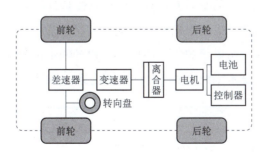

图 2-17　传统布置形式

2）机电集成布置形式

机电集成布置是在机械布置的基础上将电机、减速器和差速器整合成一个整体的布置形式。这种布置形式结构紧凑，传动系统有体积小、质量轻、容易布置、传动效率较高等优点，如图 2-18 所示。

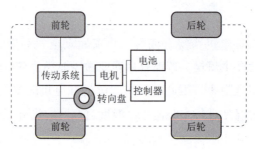

图 2-18　机电集成布置形式

3）机电一体化布置形式

机电一体化布置形式最大的特点是取消了差速器，使用两个电机通过减速器来分别驱动两个车轮。由于每台电机可以独立控制，可以使电动汽车更加灵活，有更好的操控性能。传动系统的进一步简化使质量、体积进一步减小，传动效率也得到了进一步提升。但是由于增加了一个电机，反而使成本有所提高，并且对两台电机的精确控制也是一个挑战，如图 2-19 所示。

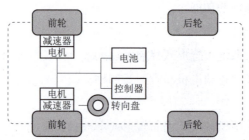

图 2-19　机电一体化布置形式

4）轮毂电机布置形式

轮毂电机布置形式直接将电机装载在驱动轮上，彻底取消了传统的传动系统，大大减小了占用空间。直接驱动车轮的驱动方式使其在传动效率上有得天独厚的优势，但该电机与传统电机有着不同的结构，需要重新设计匹配以满足性能要求以及较小安装空间要求。该布置形式下车轮转速完全由电机决定，因此对电机控制器的控制精度有着很高的要求，但紧凑高效的布置形式也是未来纯电动汽车的发展趋势，如图 2-20 所示。

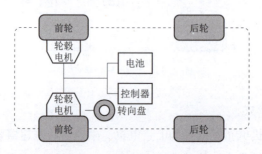

图 2-20　轮毂电机布置形式

三、纯电动汽车常用的驱动电机系统

纯电动汽车常用的驱动电机系统有四种：直流驱动电机系统、交流异步驱动电机系统、永磁同步驱动电机系统和开关磁阻驱动电机系统。

1. 直流驱动电机系统

直流驱动电机系统采用有刷直流电机，电机控制器一般采用斩波器控制方式。它具有成本低、易于平滑调速、控制器简单、控制相对成熟等优点。但由于需要电刷和换向器，结构复杂，运行时有火花和机械磨损，因此电机运行转速不宜太高。尤其是对无线电信号的干扰，这对高度智能化的未来纯电动汽车来讲是致命的弱点。鉴于直流驱动电机系统的电机控制器部分优势突出，直流驱动电机系统在当前燃料电池纯电动汽车领域仍占有一席之地。

2. 交流异步驱动电机系统

交流异步电机结构简单，制造容易，效率比直流电机高，与永磁同步电机、开关磁阻电机相比，成本较为低廉，但控制较为复杂。总的说来，交流异步电机系统的综合性价比具有一定的优势，尤其是交流异步电机的高可靠性、免维护、成本低廉的优点。使用交流异步电机的特殊功能车辆，如图 2-21 所示。

图 2-21 使用交流异步电机的特殊功能车辆

3. 永磁同步驱动电机系统

永磁同步驱动电机系统最大的特点是效率高，此外其质量轻、体积小、无须维护。与交流异步电机相比，永磁同步电机成本较高，可靠性差，使用寿命也较短，同时永磁体还存在失磁的可能；另外，其制造工艺也比交流异步电机复杂；最后在控制上，由于永磁体的存在，弱磁控制有一定的难度。因此，目前大多数纯电动汽车的永磁同步电机都带有冷却系统。

4. 开关磁阻电机系统

开关磁阻电机转子没有绕组做成凸极，结构简单，可靠性高，快速响应好，效率与交流异步电机相当。由于转子无绕组，该电机系统特别适合频繁正反转及冲击负载等工况。开关磁阻电机系统驱动电路采用的功率开关元件较少，电路简单，能较方便地实现宽调速和制动能量的反馈。因此，这种系统在纯电动汽车中也有一定的应用，缺点主要是其结构

带来的噪声和振动较大。

 任务实施

认知电传动系统的典型结构	工作任务单	班级：
		姓名：
结合所学内容，描述混合动力汽车的三种驱动形式的特点		

序号	特点
1	
2	
3	

在以下方框内填入正确的内容

4ET50变速器总成
驱动电机B
B
C2离合器
行星齿轮机构
差速器
A
C1离合器
发电机A
ICE
驱动轮

根据混合动力驱动桥总成结构示意图，描述混联式混合动力驱动单元的工作模式和特点

结构示意图	工作模式	特点
发动机 MG1 MG2 动力分配行星组件		

 拓 展 知 识

一、电动汽车国外发展现状

美国、日本和德国等传统燃油汽车工业强国在电动汽车动力传动系统匹配技术领域仍具有明显优势。其中日本是发展电动汽车最早的国家之一，日本虽然工业发达，但人口密度大、资源匮乏，因此日本政府特别重视电动汽车技术的开发。目前，随着计算机技术的发展，汽车在开发过程中的概念阶段就可以实现各参数的理论匹配，因此模拟计算的精度对仿真结果起到至关重要的作用。合理准确的仿真模型不但能大幅缩短开发周期，减少研发成本，还能对目标车型的整车基本性能有一定的预估。

在计算机建模仿真技术方面，美国通用公司从 20 世纪七八十年代就开始针对汽车建模仿真软件进行了开发，该软件名为 GPSIM，能对汽车动力性和经济性进行仿真计算。由于该项技术的优越性，世界各大汽车公司开始相继开发汽车建模仿真软件，其中比较知名的有奥地利 AVL 公司开发的 AVL Cruise 软件和美国可再生能源实验室开发的基于 Matlab 的 Advisor 软件等。RahmanZ 和 UyganIMC 等人根据电机相关参数（转速、转矩、效率等），整车参数及整车性能要求，利用 Advisor 仿真软件进行电动汽车动力系统关键部件的匹配及选型，使所设计的电动汽车满足特定性能要求。EhsaniM 和 HofmanT 等人基于电动汽车仿真模型，以经济性及排放性作为优化目标，对电动汽车动力传动系统主要参数进行算法优化研究。

二、电动汽车国内发展现状

我国作为汽车产销大国，近年来在政府的大力推动下，电动汽车的产销量均得到了大幅提升。目前我国电动汽车产销主要以小型车为主，涉足电动汽车市场的企业也越来越多，知名企业有北汽新能源、长安新能源、比亚迪等。

我国相关部门将电动汽车确定为国家七大战略性新兴产业之一，推出了《节能与新能源汽车产业发展规划（2012—2020 年）》《电动汽车科技发展"十二五"专项规划》等规划方案，积极引导和鼓励国内电动汽车产业的发展，形成了"三纵三横"的电动汽车产业格局，其中"三纵"是指纯电动、油电混合动力、燃料电池三条技术路线，"三横"是指能源动力总成控制系统、驱动电机及其控制系统、电力蓄电池及其管理系统三项共性技术。在各项政策的促进下，国内各大汽车企业及学者不断加大对电动汽车及相关技术研发的投入，在突破电池、电机、电控等关键技术，完善基础设施以及推动电动汽车产业化等方面取得了长足的进步。

2010 年，吉林大学的郭孔辉等人以某电动汽车为基础，对其动力传动系统进行了设计匹配并基于遗传算法对电机效率、传动比等动力传动系统主要参数进行了优化分析，使电

动汽车在电池参数不变的情况下提升整车性能。

2011 年，湖南大学的周兵等人对某两挡变速器纯电动汽车动力传动系统主要部件进行了设计匹配，以汽车加速性能和续驶里程作为纯电动汽车的两个目标函数并引入加权因子，建立了两挡变速器纯电动汽车双目标函数传动比优化模型，利用模拟退火的粒子群优化算法对两挡变速器的速比进行了优化。相对于单目标函数优化，该算法更好地权衡了两个目标函数。

2015 年，武汉理工大学的田韶鹏等人基于 AVL Cruise 仿真软件对纯电动客车进行建模仿真，并利用 Isight 软件对其电驱动机械式自动变速箱（EMT）进行速比优化，得出满足动力性要求下的最佳经济性方案，可使纯电动客车百千米能耗减少 5.27%。

2016 年，合肥工业大学的黄康等人利用微行程法建立了合肥市典型城市工况，基于该行驶工况，以传动比作为优化变量，提出区间优化的方法对纯电动汽车传动系统速比进行优化，取得满足动力性要求下的传动比可行区间，基于我国典型城市工况能使优化结果更加接近实际使用情况。

2017 年，长沙理工大学卢珊为了使纯电动汽车在制动时既能保证安全性，又能获取最大的制动能量回馈效率，综合考虑了欧洲经济委员会（ECE）法规线、I 曲线、F 线以及 M 线对制动力分配的规范作用，结合模糊控制算法，提出了一种以车速 v、制动强度 z 以及蓄电池 SOC 三者为输入、制动能量回馈比例 K_r 为输出的模糊控制系统。

2018 年，清华大学黄晨为提高纯电动汽车底盘的综合性能，以能量回收性能和制动安全性能为控制目标，提出一种实现纯电动汽车复合制动与主动悬架协同控制方法，完成轮胎纵向力学特性试验，建立轮胎纵向力学模型和车辆动力学模型，并设计模糊协同控制策略，通过 Carsim 软件和 Simulink 软件的联合仿真，验证协同控制的性能。

2019 年，青岛大学赵东伟以某纯电动汽车底盘车架为研究对象，运用 HyperMesh 软件建立纯电动汽车的有限元车架模型，在保证汽车各方面的性能要求下，优化后的车架总质量减轻了 12.7%，同时第 7 阶模态避开了电动汽车共振区域，弯曲刚度提升了 6.4%，扭转刚度提升了 9.4%。

2020 年，吉利汽车研究院王超针对纯电动汽车动力锂离子蓄电池包在低温工况下散热严重导致温差较大的问题，设计了一种电池包保温层，以某纯电动汽车电池包为样本，对电池包及模组进行温度场仿真及低温静置试验，结果表明：在低温−20 ℃工况下，样品电池包增加保温层设计后，电池的最大温差和降温速率都明显减小，整包保温性能得到改善。

2021 年，西安工业大学王亚娟研究了逆斯特林技术在解决纯电动汽车节能和环保等方面的优势，在研究了纯电动汽车热电阻制热、半导体热电效应制热、蒸汽压缩循环热泵等空调技术研究的基础上，对比了 8 种纯电动汽车空调技术的性能和特点。

2022 年，武汉理工大学王朝辉等对纯电动汽车充电路径规划问题进行研究，提出了一种基于行驶工况的多目标纯电动汽车路径规划方法。充分考虑了驾驶特性、环境因素以及交通路况对电动汽车能耗的影响，建立了行驶工况数据库。

总而言之，我国许多相关学者在电动汽车动力传动系统匹配上做了大量的研究，使我国电动汽车产业近年来突飞猛进，但在核心技术掌握与产品质量方面仍然与世界先进水平有一定的差距，希望我国能在未来迎头赶上。

课后练习

一、填空题

（1）_____是由两种或两种以上的动力来进行驱动的，当前大多数的油电混合动力汽车主要由内燃机的热能和电力两种动力进行驱动。

（2）_____是指车辆的驱动力由电机和发动机同时或单独供给的混合动力汽车。

（3）纯电动汽车电机的布置可以分为前置、中置和后置，驱动形式可以分为_____。

二、判断题

（1）混联式混合动力驱动单元是指具备串联式和并联式两种结构的混合动力汽车驱动单元。　　　　　　　　　　　　　　　　　　　　　　　　　　（　　）

（2）永磁同步驱动电机系统最大的特点是效率高、质量轻、体积小。　　（　　）

（3）目前大多数纯电动汽车的永磁同步电机都带有冷却系统。　　　　（　　）

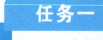

认知交流异步电机

交流异步
电动机认知

 案例导入

某客户新买了一辆新能源汽车，配备交流异步电机，该客户缺乏对该车辆的了解，作为汽车销售人员，你需要从三相交流异步电机的结构、工作原理和铭牌数据等方面为客户进行讲解。

 知识储备

一、三相交流异步电机的结构

三相交流异步电机的种类繁多，但结构基本相同。三相交流异步电机主要由定子、转子和气隙三部分构成。按照转子结构的不同，三相交流异步电机又分为鼠笼式和绕线式。鼠笼式三相交流异步电机的整体结构如图 3-1 所示。

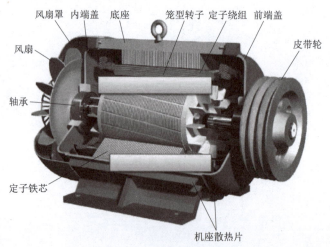

图 3-1 鼠笼式三相交流异步电机

1. 定子

定子主要由定子铁芯、定子绕组和机座等组成，如图 3-2 所示。

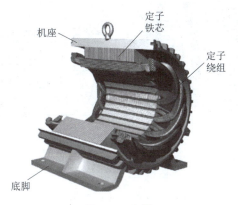

图 3-2　定子

定子铁芯是电机主磁路的一部分，一般由厚度为 0.35 mm 或 0.5 mm、表面有绝缘涂层的硅钢片叠压而成。采用硅钢片叠压的目的是减少铁芯中的涡流和磁滞损耗。在定子铁芯的内圆上均匀地冲有许多形状相同的槽，用以嵌入定子绕组。定子绕组是定子的电路部分，用于从电源输入电能并产生气隙内的旋转磁场。三相交流异步电机有三组空间上互相间隔 120°的三相绕组，每相绕组由若干线圈连接组成，按一定的规律嵌在定子铁芯的槽内。三相绕组的首尾共有六个出线端，若以首尾相连引出三个接线端，则为三角形连接方式；若将三个尾端并接在一起，由首端引出三个接线端，则为星形连接方式。电机的接线盒可由三根线引出，但一般引出六根线，方便客户自行选择需要的连接方式。机座的作用主要是固定定子铁芯和支承转子轴，要求有足够的强度和良好的通风散热条件，其外壳通常铸有散热片以扩大散热面积。

定子其他部分还包括前、后端盖，轴承盖，风罩，接线盒和吊环等。

2. 转子

转子主要由转子铁芯、转子绕组和转轴组成。转子铁芯也是主磁路的一部分，类似于定子铁芯，其也由厚度为 0.5 mm 或 0.35 mm 的硅钢片叠压而成。转子铁芯固定在转轴或转子支架上，铁芯外表呈圆柱形，转子产生的机械功率通过转轴以力的形式输出。转子绕组是转子的电路部分，分为鼠笼型绕组和绕线型绕组两类。

1）鼠笼型绕组

鼠笼型绕组是一个自行闭合的短路绕组，由插入每个转子槽中的导条和两端的端环构成。由于去除铁芯后，整个绕组形成一个圆笼型的闭合回路，故称为鼠笼型绕组，如图 3-3 所示。为节约铜和提高生产率，小型鼠笼型三相交流异步电机一般采用铸铝转子；而对于大中型电机，由于铸铝的质量不易保证，故采用铜导条插入转子槽内，再在两端焊接上铜端环的结构。鼠笼型三相交流异步电机结构简单，制造方便，是一种经济耐用的电机，应用极为广泛。

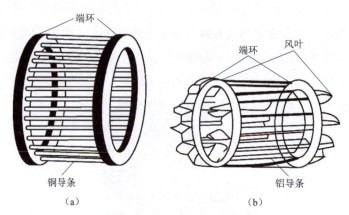

图 3-3　鼠笼型绕组

（a）铸铜转子；（b）铸铝转子

2）绕线型绕组

绕线型转子的槽内嵌有用绝缘导线组成的三相绕组，绕组的三个出线端连接到装在轴上的三个集电环上，再通过电刷引出。这种转子的特点是可以在转子绕组中串入外加电阻，以改善电机的启动和调速性能。与鼠笼型转子相比，绕线型转子的结构稍微复杂，价格稍贵，通常用于要求启动电流小、启动转矩大或需要调速的场合，如图 3-4 所示。

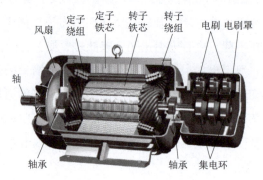

图 3-4　绕线型绕组

3）气隙

三相交流异步电机的气隙主磁场是由励磁电流产生的，由于励磁电流基本为无功电流，因此励磁电流越大，电机的无功分量也越多，功率因数也就越低，为减小励磁电流，提高电机的功率因数，电机的气隙应尽可能地小，但一定要在电机装配的工艺许可的范围内。对于中小型电机，气隙一般为 0.2~2 mm。

二、三相交流异步电机的工作原理

在三相交流异步电机的定子绕组中通入三相对称交流电流，将在电机的气隙中产生以同步转速转动的旋转磁场，转子导体在旋转磁场中将切割磁力线，产生感应电动势，其方向可由右手定则判定。由于转子导体通过端环闭合，转子导体中会出现电流，转子电流与旋转磁场相互作用将产生电磁力，其方向可由左手定则判定。转子导体所受的电磁力产生的电磁转矩将驱动转子跟随定子磁场一起旋转，从而把电能转换为机械能，作为电动机运行动力。由于转子导体是靠电磁感应产生的感应电流而使电机运转的，所以异步电机又称感应电机。三相交流异步电机的工作原理如图 3-5 所示。

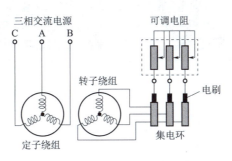

图 3-5　三相交流异步电机的工作原理

当三相交流异步电机运行时，为克服负载的阻力转矩，其转子转速总是略低于旋转磁场转速，如此转子导体才能切割旋转磁场，产生感应电动势和感应电流，以使转子产生足够的电磁转矩。如果转子转速与旋转磁场大小、方向均相同，两者无相对运动，转子导体就无法切割旋转磁场，也就无法产生电磁转矩。因此，转子转速与旋转磁场转速不相同是三相交流异步电机产生转矩的必要条件。

三相交流异步电机启动时，转子转速 $n=0$，因此转差率 $s=1$，转差率计算公式为：$s=(n_0-n)/n_0$（n_0 为同步转速，即旋转磁场的转速）。电机产生的电磁转矩要克服机械负载的阻力转矩，在理想情况下，假设此时阻力转矩（包括轴承摩擦）为零，电机处于理想空载运行状态，此时转子导体不需要产生感应电流从而产生电磁转矩来克服负载转矩，因此，此时的转子速度应该等于旋转磁场的转速，即此时的转差率 $s=0$。

一般在正常运行范围内，转差率的数值都是很小的。满载时，转子转速与同步转速相差并不是很大，一般是 $n=(0.94\sim0.985)n_0$；而空载时，可以近似认为转子转速等于同步转速。

三、三相交流异步电机的铭牌数据

为便于快速了解一台电机在额定运行状态下的性能，电机制造厂商按照国家标准，一般会在电机机壳上标注电机的基本参数和各项额定值，它们是正确合理使用电机的依据。三相交流异步电机的铭牌示例如图 3-6 所示。

图 3-6　三相交流异步电机的铭牌示例

铭牌数据一般包括以下内容。

1. 型号

型号用以表明电机的系列、几何尺寸和极数，由汉语拼音字母、国际通用符号和阿拉伯数字组成，例如，一款电机的型号为 Y90L4，其各个字母及数字的含义如图 3-7 所示。

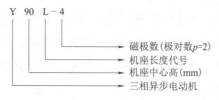

图 3-7　Y90L4 的含义

2. 额定功率

额定功率指电机在额定状态下运行时，轴端输出的机械功率，单位为 W 或 kW。

3. 额定电压

额定电压指电机在额定状态下运行时，加在定子绕组上的线电压，单位为 V。

4. 额定电流

额定电流指电机在额定状态下运行时，定子绕组的线电流，单位为 A。

5. 额定转速

额定转速是指对应于额定电压、额定电流，电机运行于额定功率时所对应的转速，单位为 r/min。

6. 额定频率

额定频率指电机在额定情况下运行时，定子供电电源的频率，单位为 Hz。我国电网的标准频率为 50 Hz。

7. 功率因数

功率因数指电机有效功率与视在功率的比值，其用于表征电机运行时从电网吸收的无功功率的大小。一般相同转速的电机，容量越大，功率因数越高；相同容量的电机，转速越高，功率因数越大。

8. 连接方式

三相交流异步电机常用的定子绕组连接方式有星形（Y）连接和三角形（△）连接。一般情况下，功率小于 4 kW 的电机使用星形连接方式，如图 3-8（a）所示；4 kW 以上的电机则主要使用三角形连接方式，如图 3-8（b）所示。

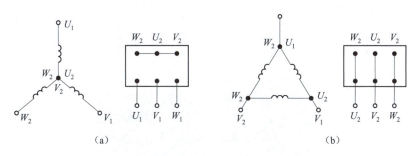

图 3-8　连接方式

（a）Y 形连接方式；（b）△形连接方式

9. 绝缘等级

绝缘等级指电机制造时所用绝缘材料的耐热品级，一般有 B 级、F 级、H 级、C 级。

10. 额定温升

额定温升指电机在额定工况下运行时，电机所允许的工作温度减去绕组环境温度的数值，单位为 K 或 ℃。

11. 定额（工作制）

电机的工作制是指电机在正常使用时的延续时间，一般分为连续工作制（S1）和断续工作制（S2~S10）。

四、三相交流异步电机的特点

电动汽车用三相交流异步电机所具有的主要优点如下。

（1）小型轻量化。

（2）易实现转速大于 10 000 r/min 的高速旋转。

（3）高速低转矩时运行效率高。

（4）调速范围宽、低速转矩高。

（5）坚固、可靠性高、成本低。

（6）控制装置简单化、轻量化。

任务实施

认知交流异步电机	工作任务单	班级： 姓名：

<table>
<tr><td colspan="3" align="center">结合所学内容，在以下方框内填入正确的内容</td></tr>
<tr><td colspan="3" align="center">

风扇　定子绕组　定子铁芯　转子铁芯　□　电刷　□

轴

轴承　　　　　轴承　□

</td></tr>
<tr><td colspan="3" align="center">在以下方框内填入正确的代号含义</td></tr>
<tr><td colspan="3" align="center">

Y　90　L－4

□

机座长度代号

机座中心高(mm)

□

</td></tr>
<tr><td colspan="3" align="center">写出三相交流异步电机的六个特点</td></tr>
<tr><td colspan="3"></td></tr>
<tr><td colspan="3"></td></tr>
<tr><td colspan="3"></td></tr>
<tr><td colspan="3"></td></tr>
<tr><td colspan="3"></td></tr>
<tr><td colspan="3"></td></tr>
</table>

拓展知识

新能源汽车的电机驱动和传统汽车的发动机驱动相比，技术优势有环保、节约、简单三大优势。在纯电动汽车上体现尤为明显：以电动机代替燃油机，由电机驱动而不需要自动变速箱。相对于自动变速箱，电机结构简单、技术成熟、运行可靠。

传统的内燃机高效产生转矩时的转速限制在一个窄的范围内，这就是传统内燃机汽车需要庞大而复杂的变速机构的原因；而电动机可以在相当宽的速度范围内高效产生转矩，在纯电动车行驶过程中不需要换挡变速装置，操纵方便容易，噪声低。

与混合动力汽车相比，纯电动车使用单一电能源，电控系统大大减少了汽车内部机械传动系统，结构更简化，也降低了机械部件摩擦导致的能量损耗及噪声，节省了汽车内部空间、重量。电机驱动控制系统是新能源汽车车辆行驶中的主要执行机构，驱动电机及其控制系统是新能源汽车的核心部件（电池、电机、电控）之一，其驱动特性决定了汽车行驶的主要性能指标，它是电动汽车的重要部件。

电机实现转矩的快速响应性指标比发动机高出两个数量级。一般来说，电气执行的响应速度要比机械机构快几个数量级，因此随着计算机电子技术的发展，先进的电气控制装置取代笨重、庞大、响应滞后的部分机械和液压装置已成为技术进步发展的必然趋势。这样不但使各项性能指标大大提高，也使制造成本降低。

🌀 课后练习

一、填空题

（1）三相交流异步电机的种类繁多，但结构基本相同。三相交流异步电机主要由＿＿＿＿＿＿三部分构成。

（2）在三相交流异步电机的定子绕组中通入＿＿＿＿＿＿，将在电机的气隙中产生以同步转速转动的旋转磁场，转子导体在旋转磁场中将切割磁力线，产生感应电动势，其方向可由右手定则判定。

（3）电机额定转速是指对应于＿＿＿＿＿＿，电机运行于额定功率时所对应的转速，单位为 r/min。

二、判断题

（1）电机型号用以表明电机的系列、几何尺寸和极数，由英文字母、国际通用符号和阿拉伯数字组成。　　　　　　　　　　　　　　　　　　　　　　　　　（　　）

（2）三相异步电动机，按照转子结构的不同，分为绕线式异步电动机和鼠笼式异步电动机。　　　　　　　　　　　　　　　　　　　　　　　　　　　　　　　（　　）

（3）电机制造厂商按照国家标准，一般会在电机机壳上标注电机的基本参数和各项额定值，它们是正确合理使用电机的依据。　　　　　　　　　　　　　　　　　（　　）

任务二

认知永磁同步电机

案例导入

某客户新买了一辆比亚迪 E5 轿车，配备永磁同步电机，该客户缺乏对该车辆的了解，作为专业人员，你需要从永磁同步电机的结构、工作原理和铭牌数据等方面为客户进行讲解。

知识储备

一、永磁同步电机概述

20 世纪 50 年代，随着高磁能积永磁体的出现，以永磁体作为励磁源的直流电机得到了快速发展。用永磁体代替电励磁磁极可以使直流电机的体积大大减小。同样，在同步电机的应用上，以永磁体转子替换电励磁的转子可以取消电刷和滑环，使电机结构简化，更易于维护。与此同时，随着功率变换器件和晶闸管整流器件的出现，机械式换流器也被电子换流器替代，这两大进步促进了永磁同步电机的发展，如图 3-9 所示。

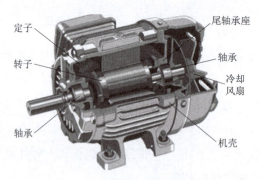

图 3-9 永磁同步电机

永磁同步电机的运行原理与电励磁同步电机相同。两者的主要区别在于永磁同步电机以永磁体提供的磁通替代后者的励磁绕组产生的励磁磁场，因而无须励磁电流，避免了励磁损耗，并能使电机结构更为简单（不仅降低了加工和装配费用，且省去了容易出问题的集电环和电刷，提高了电机运行的可靠性）。因此，永磁同步电机被研究得较多，并在各个领域中得到越来越广泛的应用，特别是在新能源汽车大力发展的今天，永磁同步电机的体积可以比感应式电机减小 20%～50%，质量减轻 20%～40%，节能 30%～60%。总之，无论是从节能、高效,还是从小型化和轻型化来说,永磁同步电机将在电动汽车驱动电机领域成为感应电机的最佳替代者。

二、永磁同步电机的分类

永磁同步电机的分类方法比较多。按工作主磁场方向的不同,可分为径向磁场式和轴向磁场式;按电枢绕组位置的不同,可分为内转子式(常规式)和外转子式;按转子上有无启动绕组,可分为无启动绕组的电机(用于变频器供电的场合,利用频率的逐步升高而启动,并随着频率的改变而调节转速,常称为调速式永磁同步电机)和有启动绕组的电机(既可用于调速运行又可在某一频率和电压下利用启动绕组所产生的异步转矩启动,常称为异步启动永磁同步电机),异步启动永磁同步电机用于频率可调的传动系统时,形成一台具有阻尼(启动)绕组的调速式永磁同步电机;按供电电流波形的不同,可分为矩形波永磁同步电机和正弦波永磁同步电机(简称永磁同步电机)。

三、永磁同步电机的结构

永磁同步电机主要包括机座、定子铁芯、定子绕组、转子铁芯、永磁体、转子轴、轴承及端盖等部分,此外还有转子支承部件、通风孔或冷却水道、外部接线盒等。永磁同步电机的结构如图 3-10 所示。

图 3-10 永磁同步电机的结构

1. 定子

永磁同步电机的定子结构和异步电机类似,均由定子铁芯、定子绕组、机座、接线盒等部分组成。

定子铁芯作为电机主磁路的一部分,一般由厚度为 0.35 mm 或 0.5 mm、表面有绝缘涂层的硅钢片叠压而成。定子铁芯的内圆上均匀地分布着定子槽,槽内嵌放着定子绕组。定子绕组是定子的电路部分,用于从电源输入电能并产生气隙内的旋转磁场。永磁同步电机的定子结构示意图如图 3-11 所示。

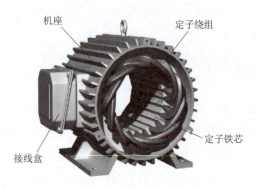

图 3-11 永磁同步电机的定子结构示意图

永磁同步电机定子绕组目前主要有集中式绕组和分布式绕组两种。采用分布式绕组的目的主要是改善定子绕组中磁动势的正弦性，通常有单层整距绕组和双层短距绕组。但对于多极或者多槽的情况，则不宜采用分布式绕组，这是由于一方面在制造工艺上较难实现，另一方面若在此时采用分布式绕组，则端部绕组必然很长，将会增大铜耗。而集中式绕组的端部较短，工艺相对简单，性价比较高，因此集中绕组永磁同步电机受到了越来越多的关注。

对于三相电机，三相绕组一般在空间上互相间隔120°，每相绕组由若干线圈连接组成。三相绕组的首尾共有六个出线端，若将首尾相连引出三个接线端则为三角形连接方式；若将三个尾端并接在一起，由首端引出三个接线端则为星形连接方式。电机的接线盒可由三根线引出，但一般引出六根线，便于客户自行选择需要的连接方式。机座的作用主要是固定定子铁芯和支承转子轴，要求具有足够的强度和良好的通风散热条件，其外壳通常铸有散热片或者水道。其他部分还包括前、后端盖和接线盒等。

2. 转子

永磁同步电机的转子主要由转子铁芯、永磁体、转轴、轴承、转子支架等结构组成，与普通异步电机不同的是，永磁同步电机的转子上安装有永磁体磁极，永磁体在转子中的放置位置有多种形式，如图 3-12 所示。

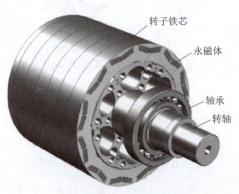

图 3-12 永磁同步电机的转子结构示意图

由于永磁同步电机目前基本采用逆变器电源驱动，而产生正弦波的变频器输出都含有一定的高频谐波，若用整体钢材则会产生涡流损耗。因此永磁同步电机的转子铁芯与定子铁芯一样，仍需用硅钢片叠压而成。

四、永磁同步电机的工作原理

永磁同步电机的工作原理与交流同步电机类似，都是通过定子绕组中的电流与转子磁场的相互作用产生转矩，而定子绕组的结构和连接形式及绕组中通入的电流和产生的反电动势共同决定着电机的工作模式和动力输出方式。只不过永磁同步电机是把交流同步电机转子上的电励磁用永磁体来代替产生磁场。

参考任务一中对于三相交流异步电机定子绕组磁动势的产生原理的分析可知，当在永磁同步电机空间上互差 120°电角度的三相定子绕组中通入时间上互差 120°的三相电流时，定子绕组将会产生一个恒幅的旋转磁场，此旋转磁场会与同极数的转子永磁体产生的磁场之间形成磁拉力，从而牵引转子与旋转磁场同步旋转。

五、永磁同步电机的铭牌数据

永磁同步电机同样需要按照国家标准在机壳上标注铭牌数据。某款永磁同步电机的铭牌如图 3-13 所示。

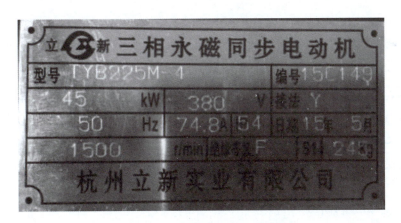

图 3-13　永磁同步电机铭牌示例

永磁同步电机的铭牌数据是正确、合理使用电机的参考和依据，铭牌上标明的主要项目如下。

1. 型号

型号用以表明电机的系列、几何尺寸和极数，由汉语拼音字母、国际通用符号和阿拉伯数字组成。如某款永磁同步电机的型号为 TYJX225M8，其各字母和数字的含义如图 3-14 所示。

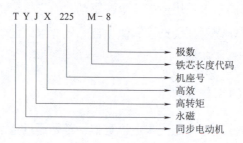

图 3-14　型号 TYJX225M8 的含义

2. 额定功率

额定功率指电机在额定状态下运行时，电机轴端输出的机械功率，单位为 W 或 kW。

3. 额定电压

额定电压指电机在额定状态下运行时，加在定子绕组上的线电压，单位为 V。

4. 额定转速

额定转速（对应额定电压、额定电流）是电机运行于额定功率时的转速，单位为 r/min。

5. 峰值功率

峰值功率指电机在峰值转矩状态下运行时，电机轴端输出的机械功率，单位为 W 或 kW。

6. 最大转速

最大转速指电机正常运行所能达到的最大速度，体现了永磁同步电机调速能力的大小，单位为 r/min。

7. 最高效率

最高效率指电机在整个运行区间内所能达到的最大效率。

8. 功率因数

功率因数指电机有效功率与视在功率的比值，它表征电机运行时从电网吸收的无功功率的大小。一般来说，对于相同转速的电机，容量越大，功率因数越高；相同容量的电动机，转速越高，功率因数越大。

9. 连接方式

永磁同步电机常用的定子绕组连接方式主要有星形连接方式和三角形连接方式。

10. 绝缘等级

绝缘等级指电机制造时所用绝缘材料的耐热品级，一般有 B 级、F 级、H 级、C 级。

11. 冷却方式

为防止电机在工作过程中产生的铜耗和铁耗使电机温升过高，一般需要采取冷却措施。永磁同步电机常用的冷却方式一般为水冷和风冷。

12. 定额（工作制）

工作制即电机的工作方式，是指电机在正常使用时的延续时间，一般分为连续工作制

（S1）和断续工作制（S2~S10）。

六、永磁同步电机的优点

（1）用永磁体取代绕线式同步电机转子中的励磁绕组，从而省去了励磁线圈、集电环和电刷，以电子换相实现无刷运行，结构简单，运行可靠。

（2）永磁同步电机的转速与电源频率间始终保持准确的同步关系，控制电源频率就能控制电机的转速。

（3）永磁同步电机具有较硬的机械特性，对于因负载的变化而引起的电机转矩的扰动具有较强的承受能力，瞬间最大转矩可以达到额定转矩的 3 倍以上，适合在负载转矩变化较大的工况下运行。

（4）永磁同步电机的转子为永久磁铁，无须励磁，因此电机可以在很低的转速下保持同步运行，调速范围宽。

（5）永磁同步电机与异步电机相比，不需要无功励磁电流，因而功率因数高，定子电流和定子铜耗小，效率高。

（6）体积小，质量轻。近些年来随着高性能永磁材料的不断应用，永磁同步电机的功率密度得到很大提高，比起同容量的异步电机，其体积和质量都有较大的减少，使其更加适合应用在许多特殊场合。

（7）结构多样化，应用范围广。

七、永磁同步电机的缺点

（1）由于永磁同步电机的转子为永磁体，无法调节，必须通过加定子直轴去磁电流分量来削弱磁场，这会增大定子的电流，增加电机的铜耗。

（2）永磁同步电机的磁钢价格较高。

由此可见，永磁同步电机体积小、质量轻、转动惯量小、功率密度高（可达 1 kW/kg），适合电动汽车空间有限的特点；另外，转矩惯量比大、过载能力强，尤其低转速时输出转矩大，适合电动汽车的启动加速。因此，永磁同步电机得到国内外电动汽车界的广泛重视，并已在日本得到了普遍应用，日本新研制的电动汽车大多采用永磁同步电机。

任务实施

认知永磁同步电机	工作任务单	班级：
		姓名：

在下图方框内填写相应部件名称

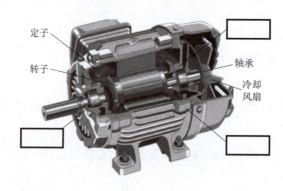

在以下方框内填入正确的代号含义

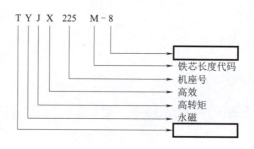

铁芯长度代码
机座号
高效
高转矩
永磁

写出永磁同步电机的 7 个优点

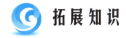 拓展知识

一、永磁同步电机的驱动电路

永磁同步电机的驱动电路如图 3-15 所示，驱动电路首先通过三相全桥整流电路对输入的三相电进行整流，得到相应的直流电。经过整流好的三相电，再来驱动三相永磁电动机。逆变部分（DC-AC）主要拓扑结构是采用了三相逆变电路原理图，如图 3-15 所示，利用了脉宽调制技术，通过改变功率晶体管交替导通的时间来改变逆变器输出波形的频率，改变每半周期内晶体管的通断时间比，也就是说通过改变脉冲宽度来改变逆变器输出电压幅值的大小以达到调节功率的目的，$VT_1 \sim VT_6$ 是 6 个功率开关管。

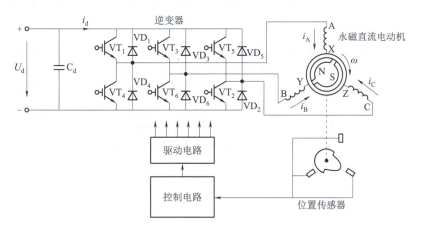

图 3-15 永磁同步电机的驱动电路

二、永磁同步电机的调速方式

永磁同步电机的转速与频率严格同步，因此始终满足 $n = 60\,f/p$。对于一台永磁同步电机而言，由于转子磁场为永磁体励磁，其转子的极数和磁场的大小均无法调节，因此永磁同步电机的调速只能是改变电源频率的变频调速。永磁同步电机变频调速的电压频率特性与异步电机相同，在基频以下采用带定子电压补偿的恒压频比控制方式（即恒转矩运行），在基频以上采用电压恒定的控制方式（即恒功率运行）。

恒压频比开环控制的控制变量为电机的外部变量即电压和频率，控制系统将参考电压和频率输入到实现控制策略的调制器中，最后由逆变器产生一个交变的正弦电压施加在电机的定子绕组上，使之运行在指定的电压和参考频率下。

矢量控制理论的基本思想是以转子磁链旋转空间矢量为参考坐标，将定子电流分解为正交的两个分量，一个与磁链同方向，代表定子电流励磁分量，另一个与磁链方向正交，代表定子电流转矩分量，分别对其进行控制，获得与直流电动机一样良好的动态特性。

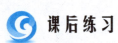 **课后练习**

一、填空题

（1）永磁同步电机主要包括_____等部分，此外还有转子支承部件、通风孔或者冷却水道、外部接线盒等。

（2）永磁同步电机的定子结构和异步电机类似，均由_____等部分组成。

（3）电机型号用以表明_____。

二、判断题

（1）为防止电机在工作过程中产生的铜耗和铁耗使电机温升过高，一般需要采取油冷却措施。　　　　　　　　　　　　　　　　　　　　　　　　　　　　（　　）

（2）用永磁体代替电励磁磁极可以使直流电机的体积大大减小。同样，在同步电机的应用上，以永磁体转子替换电励磁的转子可以取消电刷和滑环，使电机结构简化，具有更好的维护性。　　　　　　　　　　　　　　　　　　　　　　　　　　　　（　　）

（3）永磁同步电机的运行原理与电励磁同步电机相同，两者的主要区别在于永磁同步电机以永磁体提供的磁通替代后者的励磁绕组产生的励磁磁场。　　　　　　　　（　　）

任务三
认知开关磁阻电机

开关磁阻
电动机认知

 **案例导入**

某客户想了解开关磁阻电机，但该客户缺乏对新能源汽车的了解，作为专业人员，你需要从开关磁阻电机的结构、工作原理和铭牌数据等方面为客户进行讲解。

知识储备

一、开关磁阻电机概述

开关磁阻电机是 20 世纪 80 年代初随着电力电子、微电脑和控制技术的迅猛发展而发展起来的一种新型调速电机，其结构简单坚固，调速范围宽，调速性能优异，且在整个调速范围内都具有较高效率，系统可靠性高，目前已广泛应用在仪器仪表、家电、电动汽车等领域，如图 3-16 所示。

图 3-16　开关磁阻电机

二、开关磁阻电机的基本结构

开关磁阻电机构造简单，采用双凸极结构，其定子、转子均由硅钢片冲压而成，定子上绕有集中绕组，径向相对的两个绕组串联构成一相；而转子上既无绕组也无永磁体，这样既减轻了质量，降低了制造成本，又能使电机更好地适应超高速的运转工况。四相 8/6 极开关磁阻电机的结构示意图如图 3-17 所示。

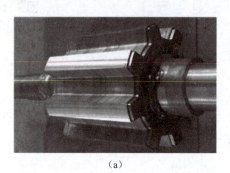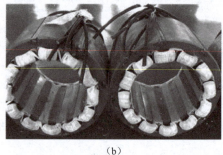

（a）   （b）

图 3-17　开关磁阻电动机的基本结构

（a）转子；（b）定子

根据相数和定子、转子极数的不同，开关磁阻电机可以有多种不同的结构形式，较常见的有三相 6/4 极、四相 8/6 极和三相 12/8 极等形式，其结构示意如图 3-18 所示。不同相数和极数的开关磁阻电机的性能也不尽相同，相数越低，电机的结构也越简单，所需的元器件也越少，成本也越低，但两相以下的开关磁阻电机并不具备自启动能力；相反，相数增多时，尽管电机的复杂度和制作成本增加了，但因为步距角较小而具有较好的启动性能和输出转矩。目前以三相和四相开关磁阻电机最为常见。

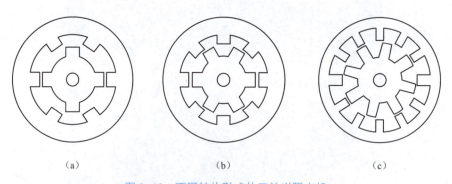

（a）   （b）   （c）

图 3-18　不同结构形式的开关磁阻电机

（a）三相 6/4 极；（b）四相 8/6 极；（c）三相 12/8 极

三、开关磁阻电机的基本原理

开关磁阻电机的转矩产生原理与直流电机、永磁同步电机、感应电机等传统电机有很大的不同。传统电机的转矩由通电导体在 N、S 极磁场中受力而产生，其本质为洛伦兹力，由电流和磁场的相量积而得到。而开关磁阻电机的转矩是由转子在不同位置处储存的磁场能的变化而产生的，其本质是磁阻力，遵循的是磁阻最小原理，即磁链总是沿着使磁阻达到最小的路径闭合。开关磁阻电机的基本原理如图 3-19 所示。

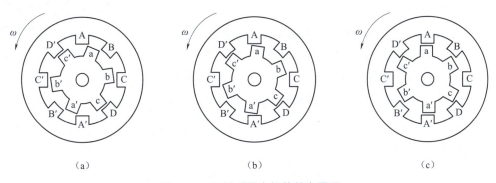

（a）　　　　　　　　（b）　　　　　　　　（c）

图 3-19　开关磁阻电机的基本原理

　　要使电机正常工作，首先要有变频电源产生一系列的脉冲电流，依次供给定子各相绕组；其次，各相绕组的导通和关断时间必须与转子位置同步。为此，电机的轴上应装有位置传感器，并通过控制系统来执行定子各相绕组的准确换相，以确保形成单向和平稳的电磁转矩。因此，确切地讲，开关磁阻电机是由磁阻电机、转子位置传感器、变频电源和控制系统四部分组成的一个驱动电机系统，如图 3-20 所示。

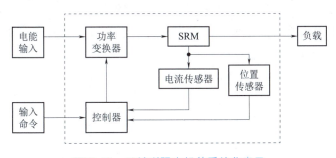

图 3-20　开关磁阻电机的系统化表示

四、开关磁阻电机的优点

　　（1）结构简单：转子上没有任何形式的绕组；定子上只有简单的集中绕组，端部较短，没有相间跨接线。因此，开关磁阻电机具有制造工序少、成本低、工作可靠、维修量小等优点。

　　（2）开关磁阻电机转子的结构形式对转速的限制小，可用于高转速场合，而且转子的转动惯量小，在电流每次换相时可以随时改变相匝转矩的大小和方向，因而系统有良好的动态响应性。

　　（3）损耗主要产生在定子，电机易于冷却；转子无永磁体，可允许有较高的温升。

　　（4）开关磁阻电机的转矩与电流极性无关，只需要单向的电流激励，在理想条件下功率变换电路中每相可以只用一个开关元件，且与电机绕组串联，不会像 PWM 逆变器电源那样存在两个开关元件直通的危险。因此，开关磁阻驱动电机系统的线路简单，可靠性高，成本也低于 PWM 交流调速系统。

（5）开关磁阻驱动电机系统可以通过对电流的导通、断开和对幅值的控制得到满足不同负载要求的机械特性，易于实现系统的软启动和四象限运行等功能，而且控制起来很灵活。又由于开关磁阻驱动电机系统属于自同步系统运行，不会像变频供电的感应电机那样在低频时出现不稳定和振荡问题。

（6）由于开关磁阻电机采用了独特的结构和设计方法及相应的控制技巧，其输出转矩可以与感应电机相媲美，甚至还略占优势。开关磁阻驱动电机系统的效率和功率密度在宽广的速度和负载范围内都可以维持在较高水平。

（7）适用于频繁启动、停止和正反转运行的工况。

五、开关磁阻电机的缺点

（1）运行时有转矩脉动。由开关磁阻电机的运行原理可知，其磁场是跳跃性旋转的，故其电磁转矩是由一系列脉冲转矩叠加而成的，由于双凸极结构和磁路饱和非线性的影响，其合成转矩不是一个恒定转矩，而有一定的谐波分量，因而影响了开关磁阻电机的低速运行性能。

（2）开关磁阻电机传动系统的噪声与振动比一般电机大。

（3）开关磁阻电机的引出线较多。由于开关磁阻电机上装有位置传感器和电流传感器，因此其引线要比一般的电机复杂一些。

（4）脉冲电流对供电电源有影响。

六、开关磁阻电机的功率变换器

理想的功率变换器主电路结构应同时具备以下条件。

（1）少而有效的主开关器件。

（2）可以将全部电源电压加给电机绕组。

（3）可以通过主开关器件调制，有效控制每相电流。

（4）可以迅速增加相绕组电流。

（5）在负半轴绕组磁链减少的同时，能将能量回馈给电源。

功率变换器是通过电力电子装置进行工作的，其原理是在一个周期内调节导通时间或是在几个周期内调节若干个连续导通或关断时间来改变电机输出功率，功率变换器拓扑结构具有多种形式。

（1）双开关型功率变换器。双开关型功率变换器电路具有两个主开关器件及两个续流二极管，当两个主开关器件同时导通时，电源向电机绕组供电；当两个主开关器件同时断开时，相电流通过续流二极管续流，将电机绕组中磁场储能以电能形式迅速回馈电源，实现强迫换相，如图 3-21 所示。

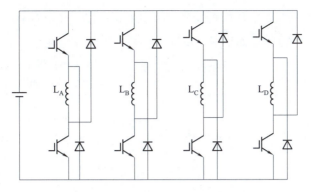

图 3-21　双开关型功率变换器电路

（2）双绕组型功率变换器。双绕组型功率变换器电路中，每相有主、副两个绕组，主、副绕组双线并绕，同名端反接，匝数比为 1∶1。当主开关导通时，电源对主绕组供电；当主开关关断时，靠磁耦合将主绕组的电流转移到副绕组，通过二极管续流，向电源迅速回馈电能，实现强迫换相，如图 3-22 所示。

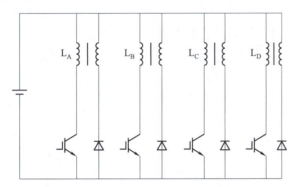

图 3-22　双绕组型功率变换器电路

（3）电容裂相型功率变换器。电容裂相型功率变换器电路是指将整流输出的电压通过双电容裂相形成的电路，其电容同时还起到滤波、存储绕组回馈能量作用。采用这种电路，可对电机的各相进行独立控制，每相只需要一个主开关器件和一个续流二极管，如图 3-23 所示。

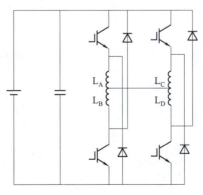

图 3-23　电容裂相型功率变换器电路

69

（4）H桥型功率变换器。H桥型功率变换器电路可以看作电容裂相电路取消了电容器分压，并将各相绕组中点浮空而形成的电路，换相时磁能以电能形式一部分回馈电源，另一部分注入导通相绕组，引起中点电位的较大浮动，如图3-24所示。

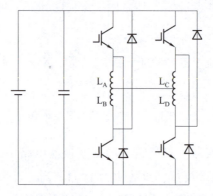

图 3-24　H 桥型功率变换器电路

（5）能量回收型功率变换器。能量回收型功率变换器通常有谐振能量回收、阻尼能量回收以及斩波能量回收几种形式，其电路如图3-25所示。

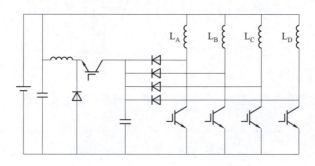

图 3-25　能量回收型功率变换器电路

🌀 任务实施

认知开关磁阻电机	工作任务单	班级：
		姓名：
结合所学内容，在以下方框内填入正确的内容		

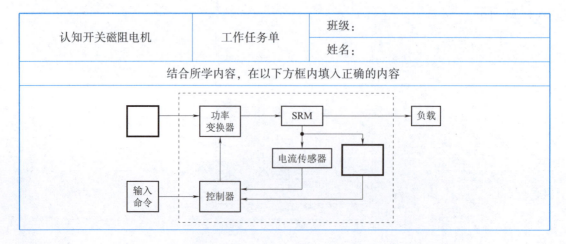

续表

写出 5 种开关磁阻电机的功率变换器并分析其特点

 拓展知识

一、开关磁阻电机控制系统的结构组成

开关磁阻电机控制系统主要由功率变换器、控制器、位置传感器等组成。功率变换器向开关磁阻电机提供运转所需的能量，由动力电池组或交流电整流后得到直流电供电，开关磁阻电机绕组电流是单向的。控制器综合处理指令、速度、电流和位置传感器的反馈信号，控制功率变换器的工作状态，实现对开关磁阻电机的状态控制。开关磁阻电机控制系统的结构组成如图 3-26 所示。

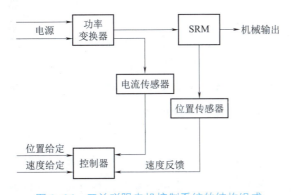

图 3-26 开关磁阻电机控制系统的结构组成

图 3-27 所示的功率变换器电路很适合电动汽车用开关磁阻电机。该电路利用两个功率器件（如 A 相为 VT_1 和 VT_2）和两个续流二极管（A 相为 VD_1 和 VD_2）分别控制相电流，并实现能量回收功能。这种电路的拓扑结构每相需要两个功率器件，因此该功率变换器的成本高于一个功率器件的功率变换器，但是由于可以单独控制每相绕组，而且不受其他相绕组状态的影响，因此可以采用相重叠使转矩增加，并且拓宽恒功率调速范围。

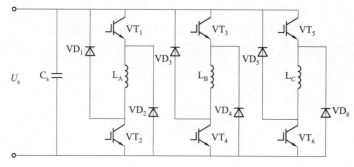

图 3-27　功率变换器电路

二、开关磁阻电机的控制方式

1. 角度控制方式

角度控制方式是保持电压不变，通过对开通角和关断角进行控制来改变电流波形以及电流波形与绕组电感波形的相对位置。

2. 电流斩波控制方式

电流斩波控制方式一般是保持电机的开通角和关断角不变，主要控制斩波电流的上下幅值并加以比较，从而起到调节电机转矩和转速的目的。实现方式有以下两种。

（1）限制电流上、下幅值的控制。

（2）电流上限和关断时间恒定。

3. 电压控制方式

电压控制方式是某相绕组导通阶段，在主开关的控制信号中加入 PWM 信号，通过调节占空比来调节绕组端电压的大小，从而改变相电流值。具体方式是在固定开通角和关断角的情况下，用 PWM 信号来调制主开关器件相控信号，通过调节此 PWM 信号的占空比从而改变相绕组的平均电压，进而改变输出转矩。

4. 组合控制方式

对于实际的开关磁阻电机的控制，可以根据不同的运行工况并结合上述控制方式的优缺点，选用几种控制方式的组合，使电机调速系统的性能更好。目前比较常用的组合控制方式有以下两种。

（1）高速与低速电流斩波控制组合。

（2）变角度电压 PWM 控制组合。

课后练习

一、填空题

（1）开关磁阻电机是由磁阻电机、_____、变频电源和控制系统四部分组成的一个驱动电机系统。

（2）由开关磁阻电机的运行原理可知，其磁场是跳跃性旋转的，故其电磁转矩是由一系列_____叠加而成的。

（3）双开关型功率变换器电路具有两个主开关器件及两个续流二极管，当_____同时导通时，电源向电机绕组供电。

二、判断题

（1）开关磁阻电机的转矩产生原理与直流电机、永磁同步电机、感应电机等传统电机相同。　　　　　　　　　　　　　　　　　　　　　　　　　　　（　）

（2）开关磁阻电机具有制造工序少、成本低、工作可靠、维修量小等优点。　（　）

（3）开关磁阻电机结构简单坚固，调速范围宽，调速性能优异，且在整个调速范围内都具有较高效率，系统可靠性高。　　　　　　　　　　　　　　　　　（　）

认知电机转速传感器

案例导入

某客户新买了一辆比亚迪新能源轿车，但该客户缺乏对该车辆的了解，作为专业人员，你需要从旋转变压器、霍尔转速传感器和电磁式转速传感器等方面为客户进行讲解。

知识储备

一、旋转变压器

1. 旋转变压器概述

旋转变压器（resolver）是一种电磁式传感器，又称同步分解器。它是一种测量角度用的小型交流电机，用来测量旋转物体的转轴角位移和角速度，由定子和转子组成。在电动汽车上，可精确检测电机转子的位置、方向、速度，用来对驱动电机或发电机（回收能量）进行方向、转速的控制。定子绕组作为变压器的原边，接收励磁电压，励磁频率通常为 400 Hz、3 000 Hz 及 5 000 Hz 等。转子绕组作为变压器的副边，通过电磁耦合得到感应电压。旋转变压器的工作原理和普通变压器基本相似，区别在于普通变压器的原边、副边绕组是相对固定的，因此其输出电压和输入电压的比是常数，而旋转变压器的原边、副边绕组则随转子的角位移发生相对位置的改变，因此其输出电压的大小随转子角位移而发生变化，输出绕组的电压幅值与转子转角成正弦、余弦函数关系，或者保持某一比例关系，或者在一定转角范围内与转角呈线性关系。旋转变压器如图 3-28 所示。

图 3-28　旋转变压器

2. 旋转变压器的分类

（1）按旋转变压器的结构分，一般有两极绕组和四极绕组两种结构形式。两极绕组旋转变压器的定子和转子各有一对磁极，四极绕组旋转变压器则各有两对磁极，主要用于高精度的检测系统。除此之外，还有多极式旋转变压器，用于高精度绝对式检测系统。

（2）按输出电压与转子转角间的函数关系，旋转变压器主要分为三大类：一是正-余弦旋转变压器，其输出电压与转子转角的函数关系成正弦或余弦函数关系；二是线性旋转变压器，其输出电压与转子转角成线性函数关系，其按转子结构又分为隐极式和凸极式两种；三是比例式旋转变压器，其输出电压与转角成比例关系。

3. 旋转变压器的工作原理

旋转变压器包含三个绕组，即一个转子绕组和两个定子绕组。转子绕组随电机旋转，定子绕组位置固定且两个定子互为90°角。这样，绕组形成了一个具有角度依赖系数的变压器，如图3-29所示。

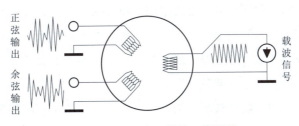

图3-29　旋转变压器的工作原理

将施加在转子绕组上的正弦载波耦合至定子绕组，对定子绕组输出进行与转子绕组角度相关的幅度调制。由于安装位置的原因，两个定子绕组的调制输出信号的相位差为90°。通过解调两个信号可以获得电机的角度位置信息，首先要接收纯正弦波及余弦波，其次将其相除得到该角度的正切值，最终通过"反正切"函数求出角度值。

由于旋转变压器在结构上保证了其定子和转子（旋转一周）之间空气间隙内磁通分布符合正弦规律，因此，当励磁电压加到定子绕组时，通过电磁耦合，转子绕组便产生感应电动势，如图3-30所示，图中 S_1S_2、B_1B_2 为绕组，θ 为绕组转过的角度。

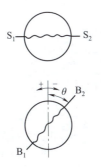

图3-30　旋转变压器的工作方式

在实际应用中，考虑到使用的方便性和检测精度等因素，常采用四极绕组式旋转变压器。这种结构形式的旋转变压器可分为鉴相式和鉴幅式两种工作方式。

鉴相式工作方式是一种根据旋转变压器转子绕组中感应电动势的相位来确定被测位移大小的检测方式。如图 3-31 所示，定子绕组和转子绕组均由两个匝数相等且互相垂直的绕组组成，在鉴相式工作方式中，转子绕组 A_1A_2 接一高阻抗，它不作为旋转变压器的测量输出，主要起平衡磁场的作用，目的是提高测量精度，图中 S_1S_2、K_1K_2、B_1B_2、A_1A_2 为绕组，θ 为绕组转过的角度。

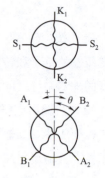

图 3-31　四极绕组式旋转变压器的工作方式

4. 旋转变压器与编码器比较的优缺点

旋转变压器和光电编码器是目前伺服领域应用最广泛的测量元件，其原理和特性上的区别决定了其应用场合和使用方法的不同。

光电编码器直接输出数字信号、处理电路简单、噪声容限大、容易提高分辨率，缺点是不耐冲击、不耐高温、易受辐射干扰，因此不宜用在军事和太空领域。

旋转变压器具有耐冲击、耐高温、耐油污、可靠性高、寿命长等优点，其缺点是输出为调制的模拟信号，输出信号解调较复杂。

由于振动冲击等影响，电动汽车上驱动电机一般采用旋转变压器测量永磁电机磁场位置和转子转速。

二、霍尔转速传感器

1. 霍尔效应

霍尔效应是电磁效应的一种，这一现象是美国物理学家霍尔（A. H. Hall，1855—1938）于 1879 年在研究金属的导电机制时发现的。当电流垂直于外磁场通过导体时，垂直于电流和磁场的方向会产生一附加电场，从而在导体的两端产生电势差，这一现象就是霍尔效应，如图 3-32 所示。这个电势差又称霍尔电势差。霍尔效应使用左手定则判断。

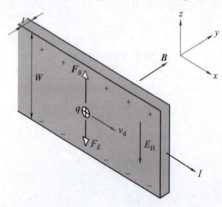

图 3-32　霍尔效应

2. 霍尔转速传感器的结构

霍尔转速传感器由传感头和齿圈组成，传感头由永磁体、霍尔元件和电子电路等组成，永磁体的磁力线穿过霍尔元件通向齿轮，如图3-33所示。

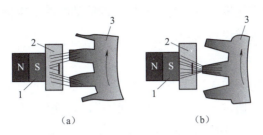

（a）　　　　　　　　（b）

图3-33　霍尔转速传感器的结构

1—磁体；2—霍尔元件；3—齿圈

3. 霍尔转速传感器的工作原理

当霍尔转速传感器齿圈位于图3-33（a）所示位置时，穿过霍尔元件的磁力线分散，磁场相对较弱；而当齿轮位于图3-33（b）所示位置时，穿过霍尔元件的磁力线集中，磁场相对较强。齿圈转动时，使穿过霍尔元件的磁力线密度发生变化，从而引起霍尔电压的变化，霍尔元件将输出一个毫伏（mV）级的准正弦波电压。此信号还需由电子电路转换成标准的脉冲电压。

4. 霍尔转速传感器的优缺点

霍尔转速传感器具有以下优点：一是输出信号电压幅值不受转速的影响；二是频率响应高，其响应频率高达20 kHz，相当于车速为1 000 km/h时所检测的信号频率；三是抗电磁波干扰能力强。因此，霍尔转速传感器不仅广泛应用于防抱装置（ABS）轮速检测，也广泛应用于其他控制系统的转速检测。

三、电磁式转速传感器

1. 电磁式转速传感器的结构

电磁式转速传感器的结构如图3-34所示，它由永磁体、极轴和感应线圈等组成，极轴头部结构有凿式和柱式两种。

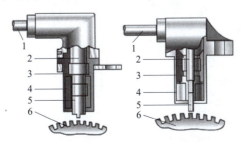

图3-34　电磁式转速传感器的结构

1—电缆；2—永磁体；3—外壳；4—感应线圈；5—极轴；6—齿圈

2. 电磁式转速传感器的工作原理

电磁式转速传感器齿圈旋转时，齿顶和齿隙交替对向极轴。在齿圈旋转的过程中，感应线圈内部的磁通量交替变化从而产生感应电动势，此信号通过感应线圈末端的电缆输出给电控单元。当齿圈的转速发生变化时，感应电动势的频率也变化。电控单元通过检测感应电动势的频率来检测旋转设备的转速。

3. 电磁式转速传感器的优缺点

电磁式转速传感器结构简单、成本低，但存在下述缺点：一是其输出信号的幅值随转速的变化而变化，如果车速过慢，其输出信号低于 1 V，电控单元就无法检测；二是响应频率不高，当转速过高时，传感器的频率响应跟不上；三是抗电磁波干扰能力差。目前国内外 ABS 系统的控制速度范围一般为 15～160 km/h，今后要求控制速度范围扩大到 8～260 km/h 甚至更大，显然电磁式转速传感器很难适应。

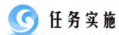 **任务实施**

认知电机转速传感器	工作任务单	班级：
		姓名：
结合所学内容，在以下方框内填入正确的内容		
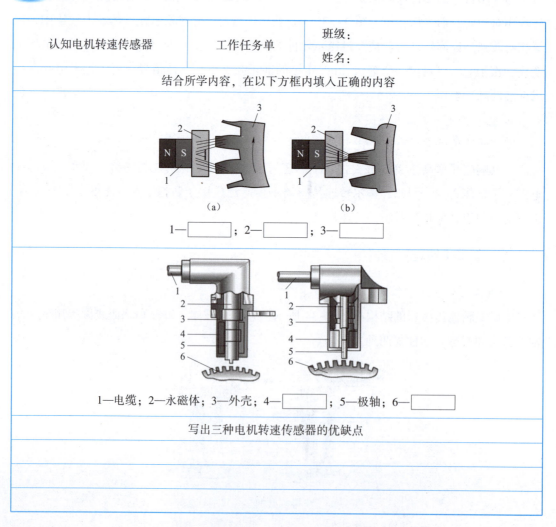 （a）　　　　　　　　（b） 1—▢　；2—▢　；3—▢ 1—电缆；2—永磁体；3—外壳；4—▢　；5—极轴；6—▢		
写出三种电机转速传感器的优缺点		

 拓展知识

一、纯电动汽车驱动电机与控制器冷却系统的功能

纯电动汽车在驱动与回收能量的工作过程中，驱动电机定子铁芯、定子绕组在运动过程中都会产生损耗，这些损耗以热量的形式向外发散，需要有效的冷却介质及冷却方式来带走热量，保证电机在一个稳定的冷热循环平衡的通风系统中安全可靠地运行。电机冷却系统设计的好坏将直接影响电机能否安全运行和使用寿命长短。特别说明的是，对于采用永磁同步电机的驱动单元，由于车辆在大负荷低速运行时极容易使电机产生高温，在高温状态下很容易导致永磁转子产生磁退现象，因此需要借助冷却系统对电机的温度进行控制。

如图 3-35 所示，纯电动汽车冷却系统的功能是将电机、电机控制器及车载充电器产生的热量及时散发出去，保障其在要求的温度范围内稳定高效地工作。

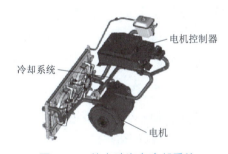

图 3-35　纯电动汽车冷却系统

二、驱动电机冷却方式

驱动电机主要的冷却方式有自然冷却、风冷和水冷。

1. 自然冷却

自然冷却依靠电机铁芯自身的热传递散去电机产生的热量。热量通过封闭的机壳表面传递给周围介质，其散热面积为机壳的表面，为增加散热面积，机壳表面可加冷却筋。

自然冷却结构简单，不需要辅助设施就能实现，但冷却效率差，仅适用于转速低、负载转矩小、电机发热量较小的小型电机。

2. 风冷

风冷依靠电机自带同轴风扇来形成内风路循环或外风路循环，通过风扇产生足够的风量，带走电机所产生的热量。介质为电机周围的空气，空气直接送入电机内，吸收热量后向周围环境排出。

风冷结构相对简单，电机冷却成本较低，适用于成本较低且功率较小的纯电动汽车。但受环境因素的制约，在恶劣的工业环境中，如高温、粉尘、污垢和恶劣的天气下，无法

使用风冷。风冷常用于清洁、无腐蚀、无爆炸环境下的电机。

3. 水冷

水冷将水（冷却液）通过管道和通路引入定子或转子空心导体内部，通过循环水不断地流动，带走电机转子和定子产生的热量，达到对电机的冷却。

水冷的冷却效果比风冷更显著，无热量散发到环境中。但是，水冷需要良好的机械密封装置，水循环系统结构复杂，存在渗漏隐患，一旦发生水渗漏，会造成电机绝缘被破坏，可能烧毁电机；水质需要处理，其电导率、硬度和 pH 值都有一定的要求。水冷适用于功率较大的纯电动汽车。

 课后练习

一、填空题

（1）旋转变压器是一种电磁式传感器，又称_____。

（2）正−余弦旋转变压器的输出电压与转子转角的函数关系成_____函数关系。线性旋转变压器的输出电压与转子转角成_____函数关系。

（3）当电流垂直于外磁场通过导体时，垂直于电流和磁场的方向会产生_____，从而在导体的两端产生电势差，这一现象就是霍尔效应。这个电势差也称霍尔电势差。

二、判断题

（1）旋转变压器包含三个绕组，即一个转子绕组和两个定子绕组。转子绕组随电机旋转，定子绕组位置固定且两个定子互为 90° 角。　　　　　　　　　　（　　）

（2）光电编码器直接输出数字信号，处理电路复杂，噪声容限大，容易提高分辨率。

（　　）

（3）旋转变压器和光电编码器是目前伺服领域应用最广的测量元件，其原理和特性上的区别决定了其应用场合和使用方法的不同。　　　　　　　　　　　（　　）

驱动电机更换

案例导入

某客户的吉利帝豪 EV450 轿车无法行驶,经专业技师检查后,确定是驱动电机故障,需要对驱动电机进行更换。作为专业人员,你能完成这个任务吗?

知识储备

一、吉利帝豪 EV450 驱动电机简介

吉利帝豪 EV450 采用的是永磁同步驱动电机,电机主要由以下部件组成:前端盖、后端盖、壳体、定子总成、转子总成、轴承、低压接插件、接线板组件、旋变总成(套)。吉利帝豪 EV450 驱动电机及其控制器在车上的安装位置如图 4-1 所示。

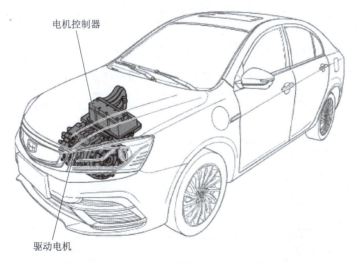

图 4-1 吉利帝豪 EV450 驱动电机及其控制器安装位置

当三相交流电被接入到定子线圈中，即产生了旋转的磁场，这个旋转的磁场牵引转子内部的永磁体，产生和旋转磁场同步的旋转转矩。使用旋转变压器检测转子的位置，使用电流传感器检测线圈的电流，从而控制驱动电机的转矩输出，如图4-2所示。

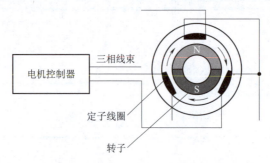

图 4-2 吉利帝豪 EV450 驱动电机原理

如图4-3所示，吉利帝豪 EV450 驱动电机的转矩—转速特性非常适合汽车驱动的需求。电机转子采用永磁体，旋转磁场和定子线圈共同作用产生转矩。与传统燃油机不同，电机没有怠速。即使车辆由静止到起步的临界状态，电机也可产生最大驱动转矩，可保证提供给车辆较好的加速度。

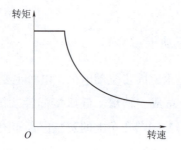

图 4-3 吉利帝豪 EV450 驱动电机转矩—转速特性

吉利帝豪 EV450 驱动电机参数见表4-1。

表 4-1 吉利帝豪 EV450 驱动电机参数

项目	参数
电机型号	TM5 028
最大交流电流	400 A
绝缘等级	H
额定电压	270~410 V（DC）
额定功率	42 kW
峰值功率	95 kW
额定转矩	105 N·m

项目	参数
峰值转矩	240 N·m
额定转速	4 000 r/min
峰值转速	11 000 r/min
温度传感器类型	NTC

二、吉利帝豪 EV450 驱动电机拆卸程序

（1）打开前机舱盖。

（2）操作空调制冷剂的回收程序。

（3）断开蓄电池负极电缆。

（4）拆卸维修开关。

（5）打开副仪表储物盒盖板，如图 4-4 所示。拆卸副仪表板储物盒，如图 4-5 所示。拇指按住维修开关把手卡扣，其余手指按住把手，当把手由水平位置到垂直位置时，向上垂直拔出维修开关插头，如图 4-6 所示。关闭副仪表储物盒盖板。

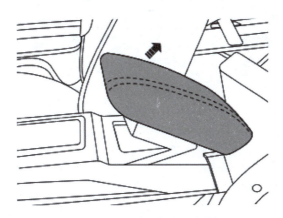

图 4-4　打开副仪表储物盒盖板

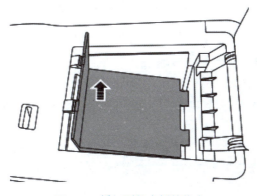

图 4-5　拆卸副仪表板储物盒

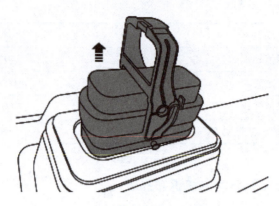

图 4-6　拔出维修开关插头

（6）拆卸左、右前轮轮胎。

（7）拆卸驱动轴。

（8）拆卸分线盒。

（9）拆卸充电机。

（10）拆卸电机控制器上盖。

（11）拆卸电机控制器。

（12）拆卸三相线束。

（13）拆卸冷却液储液罐。

（14）拆卸机舱底部护板。

（15）拆卸压缩机。

（16）拆卸制冷空调管。

（17）拆卸制动真空泵。

（18）拆卸冷却水泵。

（19）拆卸固定驱动电机。

（20）拆卸前悬置。

（21）拆卸后悬置。

（22）拆卸左悬置。

（23）拆卸右悬置。

（24）拆卸驱动电机及减速器总成。

①使用吊装工具从上端固定驱动电机，如图 4-7 所示。

②拆卸电机进、出水管环箍，脱开电机冷却水管，如图 4-8 所示。

注意：水管脱开前请在车辆底部放置容器，接住防冻液，以免污染地面。拆卸或安装环箍时都应使用专用的环箍钳。

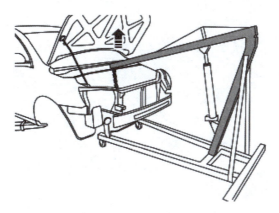

图 4-7　使用吊装工具从上端固定驱动电机

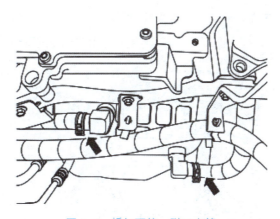

图 4-8　拆卸环箍，脱开水管

③断开驻车电机线束连接器，脱开线束固定卡扣，如图 4-9 所示。

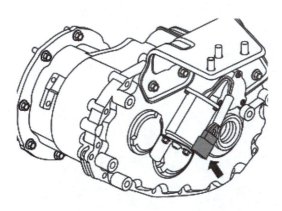

图 4-9　断开驻车电机线束连接器

④拆卸动力总成托架搭铁线束固定螺栓 1，脱开动力总成托架搭铁线束，如图 4-10 所示。

⑤拆卸动力线束搭铁螺栓 2，如图 4-10 所示。

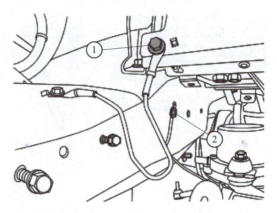

图 4-10　拆卸固定螺栓 1、搭铁螺栓 2

⑥断开驱动电机线束连接器 1，如图 4-11 所示。

⑦拆卸驱动电机搭铁线束固定螺栓 2，脱开驱动电机搭铁线束，如图 4-11 所示。

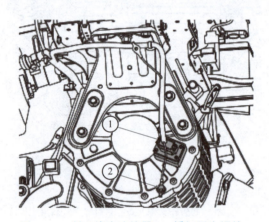

图 4-11　断开线束连接器 1，拆卸固定螺栓 2

⑧脱开动力总成托架上的动力线束卡扣，从动力总成托架抽出动力线束，如图 4-12 所示。

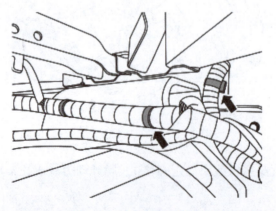

图 4-12　脱开动力总成托架上的动力线束卡扣

⑨举升吊装工具，移出驱动电机及减速器总成。

注意：举升过程中应缓慢向外移动，避免吊装工具与机舱盖产生干涉。

（25）拆卸减速器总成。

（26）拆卸动力总成托架。

三、吉利帝豪 EV450 驱动电机安装程序

（1）安装动力总成托架。

（2）安装减速器总成。

（3）安装驱动电机及减速器总成。

①举升吊装工具，放置驱动电机及减速器总成。

②将动力线束布置到动力总成托架上，固定动力线束卡扣，如图 4-13 所示。

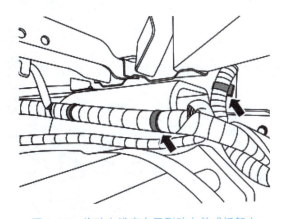

图 4-13　将动力线束布置到动力总成托架上

③连接驱动电机线束连接器 1。连接驱动电机搭铁线束，紧固驱动电机搭铁线束固定螺栓 2，如图 4-14 所示。

力矩：8 N·m。

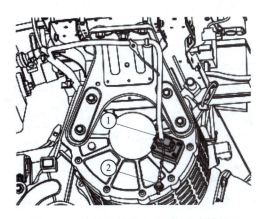

图 4-14　连接连接器 1，紧固固定螺栓 2

④连接动力总成托架搭铁线束 1，紧固固定螺栓。

力矩：9 N·m。

紧固动力线束搭铁螺栓 2，如图 4-15 所示。

力矩：8 N·m。

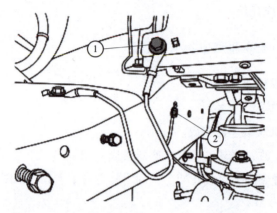

图 4-15　连接搭铁线束 1，紧固搭铁螺栓 2

⑤连接驻车电机线束连接器，固定线束卡扣，如图 4-16 所示。

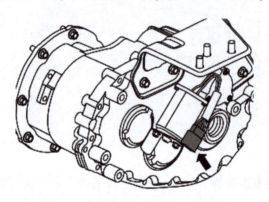

图 4-16　连接驻车电机线束连接器

⑥连接电机冷却水管，安装水管环箍，如图 4-17 所示。

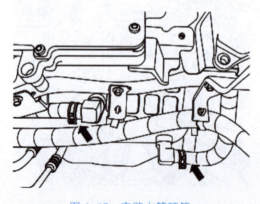

图 4-17　安装水管环箍

注意： 环箍装配位置应该与管路标识线对齐。

（4）安装前悬置。

（5）安装后悬置。

（6）安装左悬置。

（7）安装右悬置。

（8）安装压缩机。

（9）安装冷却水泵。

（10）安装制动真空泵。

（11）安装制冷空调管。

（12）安装拆卸冷却液储液罐。

（13）安装三相线束。

（14）安装电机控制器。

（15）安装电机控制器上盖。

（16）安装分线盒。

（17）安装充电机。

（18）安装驱动轴。

（19）加注减速器油。

（20）安装机舱底部护板。

（21）安装左、右前轮轮胎。

（22）安装维修开关。

（23）加注冷却液。

（24）连接蓄电池负极电缆。

（25）操作空调制冷剂的加注程序。

（26）关闭前机舱盖。

任务实施

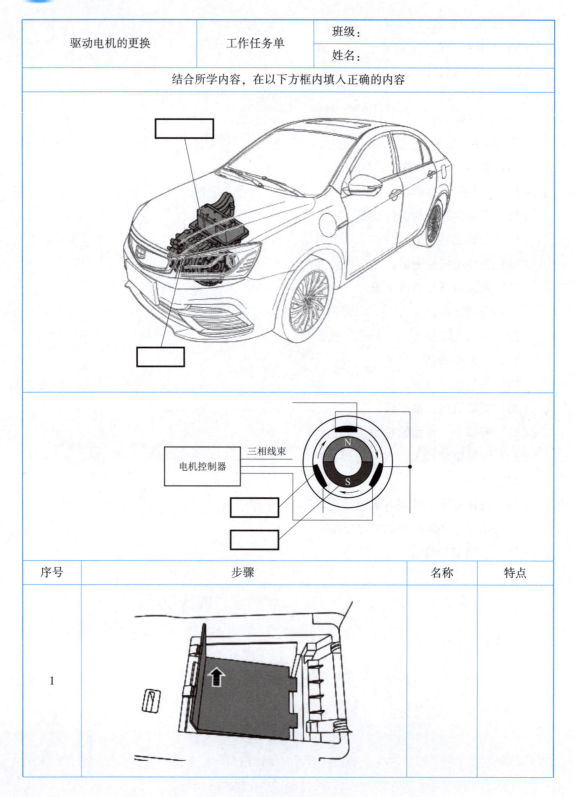

驱动电机的更换	工作任务单	班级：
		姓名：

结合所学内容，在以下方框内填入正确的内容

三相线束

电机控制器

序号	步骤	名称	特点
1			

序号	步骤	名称	特点
2			
3			
4			

 **拓展知识**

一、纯电动汽车驱动电机与控制器冷却系统的结构组成

纯电动汽车驱动电机与控制器冷却系统主要依靠冷却水泵带动冷却液在冷却管道中循环流动，通过在散热器的热交换等物理过程，带走电机与控制器产生的热量。为使散热器热量散发更充分，通常还在散热器后方设置风扇，如图4-18所示。

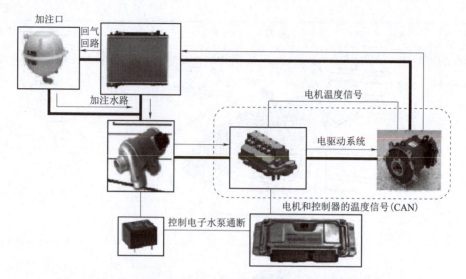

图 4-18 纯电动汽车驱动电机与控制器冷却系统的结构组成

纯电动汽车驱动电机与控制器冷却系统的冷却水泵一般采用电动冷却水泵，整车控制器监控到电机/电机控制器温度过高时会自动打开冷却水泵。

电动冷却水泵采用无刷电机技术，可实现三个功率值（40 W/60 W/70 W），以满足不同的冷却回路的要求。

电动冷却水泵通过优化内部液压部分的设计，效率提高了 39%。由于设计紧凑，重量减轻（最大 620 g），CO_2 的排放显著降低。由于噪声方面优于客户标准要求，电动冷却水泵也可用于混合动力。通过 PWM 或局域互联网络（LIN）的接口来实现速度控制和诊断功能。电动冷却水泵带有内部诊断功能，不同的失效模式（如温度过高、堵转等）会报告给控制单元。如果故障持续超过预定时间，水泵默认为"紧急模式"，降低功率，以确保导入功能（如电力电子元件的冷却）。无刷驱动和稳健的设计确保了水泵的高耐久性，这对插电式混合动力车和电动车是必需的。

电动冷却水泵优点如下。

（1）通过提高效率、控制速度和减少重量降低碳排放。

（2）降低噪声水平。

（3）覆盖广泛的液压范围。

（4）具备不同失效反馈的自诊断功能。

（5）高功率密度。

（6）高耐久性。

（7）技术领先：电动冷却水泵是离心式水泵，泵体内的定子和电子元件与转子相分离，通电时，电子元件通过定子绕组产生可变的磁场，驱动转子（叶轮），从而实现液体流动。两个密封环保护电机防止潮湿。电子系统由压铸盖冷却。可根据客户要求调节水泵电子信号和流量。

二、混合动力汽车驱动电机与控制器冷却系统的结构组成

混合动力汽车冷却系统由发动机冷却系统和驱动电机与控制器冷却系统两部分组成，如图 4-19 所示。

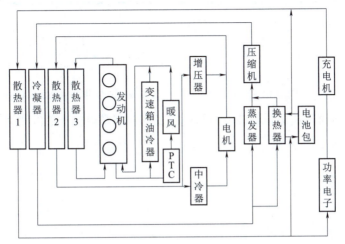

图 4-19　混合动力汽车冷却系统结构组成

发动机冷却系统与传统涡轮增压车型冷却系统一样，系统水温一般为 90～100 ℃，允许最高温度为 110 ℃。

驱动电机与控制器冷却系统采用了独立的冷却系统，用于电机与电机控制器的冷却，是通过单独的电动水泵驱动冷却液实现的独立循环系统。它由散热器、电子风扇、水管、水壶、电机水套、电机控制器、水泵（安装在水箱立柱上的电动水泵）组成。

 课后练习

一、填空题

（1）当三相交流电被接入到定子线圈中，即产生了_____，这个旋转的磁场牵引转子内部的永磁体，产生和旋转磁场同步的旋转转矩。

（2）电机转子采用永磁体，旋转磁场和定子线圈共同作用产生_____。

（3）车辆由静止到起步的临界状态，电机也可产生_____，可保证提供给车辆较好的加速度。

二、判断题

（1）拔出维修开关插头，拇指按住维修开关把手卡扣，其余手指按住把手，当把手由水平位置到垂直位置时，水平拔出维修开关插头。　　　　　　　　　　（　　）

（2）拆卸或安装水管环箍时都应使用专用的环箍钳。　　　　　　　　　　（　　）

（3）连接电机冷却水管，安装水管环箍，要使环箍装配位置与管路标识线对齐。（　　）

任务二 驱动电机的检修

驱动电机检修

案例导入

某客户的吉利帝豪 EV450 轿车无法行驶，客户要求专业技师对车辆进行检查。作为专业人员，你需要对车辆的电机性能参数进行测量和对驱动电机三相线束是否相互短路进行检测。你能完成这个任务吗？

知识储备

一、驱动电机主要性能参数

1. 电量参数

电量参数包括电压、电流、功率、频率、相位、阻抗、介电强度、谐波等。

2. 非电量参数

非电量参数包括转速、转矩、温度、噪声、振动等。

通过测量这些参数，能够了解电机运行时的工作特性，从而对被测电机进行性能评价。

二、驱动电机基本电量参数的检测

驱动电机的电量参数中最基本的电量参数有电压、电流、功率、频率、相位。这些参数可以通过电子测量仪器进行测量，根据测量项目不同，一般会用到电压表、电流表、功率表、频率表等各种仪表。实际上，当前的电流参数测量技术非常成熟，通常使用功率分析仪（或功率计）即可满足驱动电机所有基本电量参数的测量需求。

功率分析仪（见图 4-20）实际上是电压表、电流表、功率表和频率表的有机融合，它实现了高精度的电压、电流、频率、相位实时采集，并实时运算出功率结果，可以为使用者提供精准的电机电量参数测试结果，且不同参数之间的采集在时基上是同步的，保证了数据的有效性。

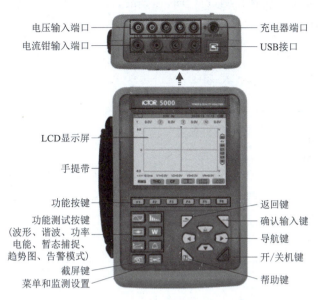

电压输入端口——
电流钳输入端口——
——充电器端口
——USB接口

LCD显示屏——

手提带——

功能按键——
功能测试按键
（波形、谐波、功率
电能、暂态捕捉、
趋势图、告警模式）
截屏键——
菜单和监测设置——

——返回键
——确认输入键
——导航键
——开/关机键
——帮助键

图 4-20　功率分析仪

三、驱动电机性能参数的测量

驱动电机性能参数的测量主要包括负载特性测试、$T—n$ 曲线测试、耐久测试、空载测试、堵转测试、启动电流测试等项目。下面就部分测试项目加以说明。

1. 负载特性测试

1）测试目的

负载特性测试的目的是确定电机的效率、功率因数、转速、定子电流等。

2）测试方法

用伺服电机给被测电机加载，从150%额定负载逐步降低到25%额定负载，在此间至少选取 6 个测试点（必须包含100%额定负载点），测取其电压、电流、功率、转矩、转速等参数并进行计算。

3）测试依据标准

（1）《三相永磁同步电动机试验方法》（GB/T 22669—2008）中的"负载实验"章节。

（2）《三相异步电动机试验方法》（GB/T 1032—2012）中的"负载特性实验"章节。

从负载特性作用上看，主要是针对不同负载情况下电机特性的测试，保障电机在不同适用场合下仍能保持良好地运行，保障电机质量，提高生产生活效率。

2. $T—n$ 曲线测试

1）测试目的

$T—n$ 曲线测试的目的是描绘出电机的转矩—转速关系特性曲线。

2）测试方法

通过控制被测电机的转速，测量从 0 转速到最高转速，在不同转速点能输出的最大转矩，绘制出其关系曲线，如图 4-21 所示。

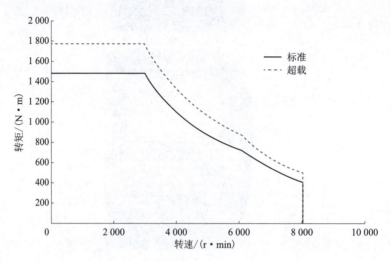

图 4-21　电机的转矩—转速关系特性曲线

根据不同转速对应的转矩来判断电机基本特性，直观地观察电机运行性能，更好地评估电机的运行状态。

3. 耐久性测试

在测试软件中，可由用户设定电机按某个测试方案来进行耐久测试，例如，设定被测电机以 80% 的额定转速运行 10 min，随后暂停 5 min，再以 120% 的额定转速运行 10 min 等。测试该运行过程中的电压、电流、效率、转矩、转速等关键信息。

四、驱动电机三相线束是否相互短路的检测

（1）操作启动开关使电源模式至 OFF 状态。

（2）断开蓄电池负极电缆。

（3）拆卸维修开关。

（4）断开驱动电机三相线束连接器 EP61，如图 4-22 所示。

EP61接电机总成线束连接器

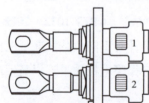

图 4-22　驱动电机三相线束连接器 EP61

（5）用万用表按表4-2进行测量。

表4-2　测量标准值表

测量位置 A	测量位置 B	测量标准值
EP6 1-1	EP6 1-2	
EP6 1-1	EP6 1-3	标准电阻：20 kΩ 或更高
EP6 1-2	EP6 1-3	

五、驱动电机三相线绝缘电阻的检测

（1）操作启动开关使电源模式至 OFF 状态。

（2）拆卸维修开关。

（3）断开驱动电机三相线束连接器 EP61。

（4）用万用表按表4-3进行测量。

表4-3　测量标准值表

测量位置 A	测量位置 B	测量标准值
EP6 1-1	车身接地	
EP6 1-2	车身接地	标准电阻：20 kΩ 或更高
EP6 1-3	车身接地	

任务实施

驱动电机的检修	工作任务单	班级：
		姓名：
写出驱动电机三相线束是否相互短路的检测步骤及测量标准值		

（1）

（2）

（3）

（4）

测量位置 A	测量位置 B	测量标准值
EP6 1-1	EP6 1-2	
EP6 1-1	EP6 1-3	标准电阻□
EP6 1-2	EP6 1-3	

续表

驱动电机三相线绝缘电阻检测的步骤

拓 展 知 识

一、驱动电机操作注意事项

由于驱动电机工作时的环境是高电压、大电流，所以在操作时一定要注意以下几点。

（1）产品运输及安装过程中应避免碰撞、跌落及挤压。

（2）存储环境应干燥，在拆开电机包装时的环境要求：温度为−25～+55 ℃，湿度为 10%～70% RH。

（3）电机在安装使用前，必须进行绝缘检查（接线端子对机壳的绝缘电阻应大于 250 MΩ）。

（4）电机在安装使用前，旋转电机输出轴应能灵活转动，检查电机外观应无机壳破损或异常形变情况。

（5）电机在安装使用前，检查三相线束导电部分及电机强电接口应清洁，无异物、油脂。

（6）低压接插件为塑料件，安装过程中应避免受力或与坚硬物体直接碰撞。

（7）电机转子带强磁性，电机除高低压盖板外，其余零部件禁止拆装。

二、驱动电机系统集成

驱动电机系统逐渐朝着低成本、轻量化、小型化、高效率、集成化方向发展。而驱动电机系统的集成化为小型轻量化、低成本与高效率的最快实现提供可能，通常驱动电机系统集成化包括机电集成与电力电子集成。

1. 机电集成

机电集成主要包括电机与发动机集成或电机与变速箱集成，其特点是通过高效、高速电机与高效传动装置的集成，提升驱动系统的效率和功率密度，降低成本。

2. 电力电子集成

电力电子集成是主要基于绝缘栅双极型晶体管（insulated gate bipolar transistor，IGBT）

器件、电容、高效散热技术的高功率密度电力电子集成技术，以实现车载电力电子系统的功率密度倍增为目标，从而降低成本。

集成化是降低驱动电机成本的必经之路。驱动电机原材料成本占比较高，主要包括铁芯叠片、驱动轴体等钢材，钕铁硼等稀土永磁材料，镁铝合金及铜材等基本金属。在永磁同步电机中，永磁体材料占整个永磁同步电机成本的45%；在交流感应电机中，铁芯叠片的成本占其成本的近60%。原材料价格决定了驱动电机的制造成本，驱动电机厂商唯有不断降低单体电机的金属用量，并提高电机功率密度，实现电机与发动机集成或电机与变速箱集成，才能有效应对上游原材料价格的波动。

课后练习

一、填空题

（1）_____参数包括电压、电流、功率、频率、相位、阻抗、介电强度、谐波等。

（2）测量驱动电机的电量参数，通过驱动电机主要技术性能评价参数，能够了解电机运行时的_____，对被测电机进行性能评价。

（3）根据测量项目的不同，一般会用到_____等各种仪表。

二、判断题

（1）功率分析仪实际上是电压表、电流表、功率表和频率表的有机融合。　　（　　）

（2）负载试验的目的是确定电机的效率、功率因数、转速、定子电流/绝缘性等。

（　　）

（3）耐久性测试软件中，可由用户设定电机按某个测试方案来进行耐久测试。

（　　）

项目五 电的转换

认知 AC-DC
变换电路

任务一
认知 AC-DC 变换电路

案例导入

某新能源专业学生要学习新能源汽车维修技术，想从基础理论开始学起。作为专业技术人员，你需要从 AC-DC 变换器概述、单相半波整流电路和单相桥式整流电路等方面为学生进行讲解。

知识储备

一、AC-DC 变换器概述

AC-DC 变换器又称整流器，是将交流电源变换成直流电的电路。大多数整流电路由变压器、整流主电路、滤波器等组成。20 世纪 70 年代以后，整流主电路多用硅整流二极管或晶闸管组成。滤波器接在主电路与负载之间，用于滤除脉动直流电压中的交流成分。变压器设置与否视具体情况而定，变压器的作用是实现交流输入电压与直流输出电压间的匹配以及交流电网与整流电路之间的电隔离。AC-DC 变换器实物如图 5-1 所示。

图 5-1 AC-DC 变换器实物

二、单相半波整流电路

单相半波整流电路实际应用较少，但其电路简单、结构清晰、易于理解，便于深入理解整流原理。单相半波整流电路只用一个整流器件（功率二极管、晶闸管或 IGBT 等）。

根据使用的是一个二极管还是一个晶闸管等不同的电路元件，单相半波整流电路也分为不可控或可控整流电路。

单相半波不可控整流电路如图 5-2 所示，其整流器件为功率二极管。

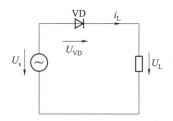

图 5-2　单相半波不可控整流电路

当电源电压为正半周期时，二极管 VD 因承受正向电压而导通，若忽略二极管导通压降，则电源电压全部施加在负载上；当电源电压转为负半周期时，二极管 VD 承受反向电压而关断，此时负载电压为零。在电阻负载下，负载电流波形与负载电压波形相同，电阻负载电压电流波形如图 5-3 所示。

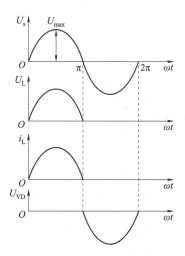

图 5-3　电阻负载电压电流波形

三、单相桥式整流电路

单相桥式整流电路由 4 个二极管组成。根据使用的是二极管还是晶闸管等不同的电路元件，这些整流电路也分为不可控或可控整流电路。

单相桥式不可控整流电路如图 5-4 所示。二极管 VD_1、VD_4 串联构成一个桥臂，二极

管 VD_2、VD_3 串联构成另一个桥臂。将 VD_1、VD_3 的阴极连在一起，构成共阴极连接，将 VD_2、VD_4 的阳极连在一起，构成共阳极。交流电源与整流桥之间有变压器 T，感性负载可等效为电感 L 与电阻 R 的串联，跨接在共阳极与共阴极之间。

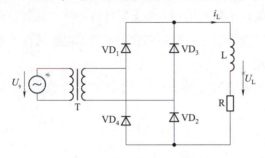

图 5-4　单相桥式不可控整流电路

四、三相桥式整流电路

广泛应用的三相桥式整流电路是从三相半波整流电路扩展而来。三相桥式整流电路是由两组三相半波整流电路串联而成的，一组接成共阴极，另一组接成共阳极，这种整流电路不再需要变压器中点。

三相桥式整流电路如图 5-5 所示。VD_1、VD_3、VD_5 共阴极三相半波整流，VD_2、VD_4、VD_6 共阳极三相半波整流。

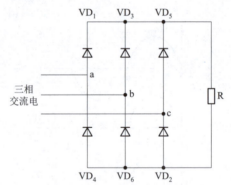

图 5-5　三相桥式整流电路

三相桥式整流电路工作时，共阴极的三个二极管中，阳极交流电压最高的那个二极管优先导通，而另外两个二极管因承受反压处于关断状态；同理，共阳极的三个二极管中，阴极交流电压最低的那个二极管优先导通，而另外两个二极管因承受反压处于关断状态。即在电路工作过程中，共阴极组和共阳极组中各有一个二极管处于导通状态，其工作波形如图 5-6 所示。

在单相桥式整流电路中，每个二极管承受交流电源的相电压幅值，而在三相桥式整流电路中，每个二极管要承受交流电源线电压的幅值，因此三相桥式整流电路中的二极管需要选用更高耐压值的二极管。

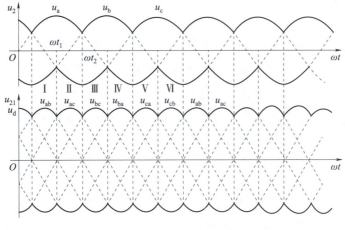

图 5-6 负载电压波形

五、PWM 整流电路

PWM 整流电路由全控性功率开关器件构成,采用脉冲宽度调制,简称 PWM 控制方式。PWM 整流电路也不是传统意义上的 AC-DC 变换器,而是一种能够实现电能双向变换的电路。当 PWM 整流电路从电网接收电能时,工作于整流状态;当 PWM 整流电路向电网反馈电能时,则工作于有源逆变状态。根据不同的分类,PWM 整流电路有不同的类型。按电路的拓扑结构和外特性,PWM 整流电路可分为电压型和电流型,两者的区别在于直流侧滤波形式的不同。电压型整流电路采用大电容,电流型整流电路则采用大电感。电压型 PWM 整流电路应用更为广泛。

六、单相电压型 PWM 整流电路

单相电压型 PWM 整流电路最初应用于电力机车交流传动系统中,为牵引变流器提供直流电源。单相电压型 PWM 整流电路如图 5-7 所示,每个桥臂由一个全控器件和反并联的整流二极管组成。

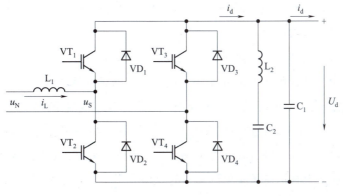

图 5-7 单相电压型 PWM 整流电路

七、三相电压型 PWM 整流电路

三相电压型 PWM 整流电路如图 5-8 所示，其具有更快的响应速度和更好的输入电流波形。稳态工作时，输出电流电压不变，开关器件按正弦规律脉宽调制，整流器交流侧的输出电压与逆变器相同，忽略整流电路输出交流电压的谐波，变换器可以看作可控正弦三相电压源，它和正弦的电源高电压共同作用于输入电感，产生正弦电流波形。适当控制整流电路输出电压的幅值和相位，就可以获得所需大小和相位的输入电流。

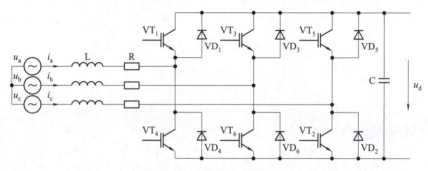

图 5-8 三相电压型 PWM 整流电路

三相电流型 PWM 整流电路如图 5-9 所示。L_d 为整流侧大电感，用于稳定输出电流使输出特性为电流源特性，利用正弦调制方式控制直流电流在各开关器件上的分配，使交流电流波形接近正弦波，且和电源电压同相位。交流侧电容的作用是滤除与开关频率相关的高次谐波。

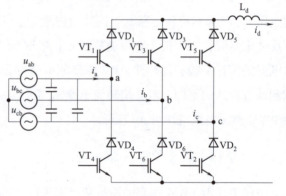

图 5-9 三相电流型 PWM 整流电路

1. 电流型整流电路的优点

（1）由于输出电感的作用，短路时电流的上升速度受到限制。

（2）开关器件直接对直流电流进行脉宽调制，因此输入电流控制简单，控制速度快。

2. 电流型整流电路的缺点

（1）直流侧电感的体积、质量和功耗较大。

（2）常用的全控器件都是双向导通的，使主电路通态损耗较大。

PWM 整流电路改善了传统晶闸管相控整流电路中交流侧谐波电流较大、深度相控时功率因数较低的缺点。PWM 整流电路采用全控器件可以实现理想化的交直流变换，具有输出直流电压可调、交流侧电流波形为正弦、功率因数可调、可双向变换等优点。

车载充电机是整流电路在新能源汽车上的典型应用，其功能是将电网单相交流电变换为直流电给动力蓄电池充电。为了提高电路的功率因数，减小设备体积，达到比较理想的

输出效果，一般是整流电路和其他结构的电路形式相结合，完成电能变换。车载充电机电路结构如图 5-10 所示。

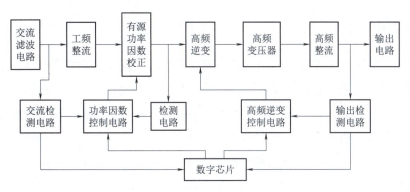

图 5-10　车载充电机电路结构

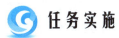 **任务实施**

认知 AC-DC 变换电路	工作任务单	班级：
		姓名：
结合所学内容，在以下方框内填入正确的内容		
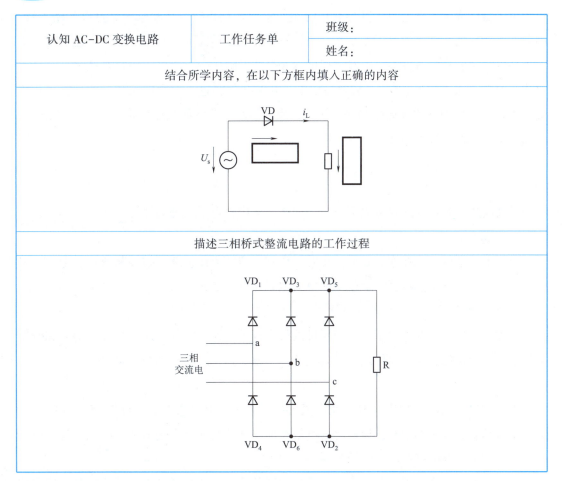		

拓展知识

一、电力电子器件

电力电子器件又称功率开关器件，有多种分类方法。按照功率或者电压、电流等级可分为小功率器件和大功率器件；按照器件的结构和工作原理可分为双极型器件、单极型器件和混合型器件；按照可控程度可分为不可控型器件、半可控型器件和全控型器件。不可控型器件包括整流二极管、快恢复二极管、肖特基二极管等；半可控型器件包括晶闸管、双向晶闸管等；全控型器件包括双极结型晶体管（BJT）、功率场效应管（P–MOSFET）、绝缘栅双极型晶体管（IGBT）、集成门极换流晶闸管（IGCT）等。

二、电力电子器件的工作状态

电力电子器件主要用于电力电子装置中，通常工作在饱和导通与截止两种工作状态。电力电子器件在饱和导通时，其导通压降很小；而在截止时，其漏电流又可以忽略不计。因此，饱和导通和截止两种工作状态又称为开通与关断状态或者开、关状态。但是电力电子器件的开关转换状态并不是瞬时完成的（所需时间为开关时间），而是要经过一个转换过程（称为开关过程），在这个转换过程中，开关元件会进入放大区工作，使开关过程中的功率损耗（称为开关损耗）增加，因此，应尽量减少器件开关过程的时间或者采用软开关技术降低器件的开关损耗。

三、电力电子器件的性能特点

从使用角度来说，主要从以下三个方面来衡量电力电子器件的性能特点。

1. 导通压降

电力电子器件工作在饱和导通状态时，会有一定的导通损耗，损耗与器件的导通压降成正比，所以应尽量选择低导通压降的电力电子器件。

2. 开关频率

电力电子器件的开关频率除了与器件的最小开关时间有关外，还受到开关损耗和数字控制器运算速度的限制，器件的开关时间越短，开关损耗越低，其开关频率则越高。

3. 器件容量

器件容量包括输出功率、电压及电流等级、功率损耗等参数。对于功率场效应管来说，随着其功率等级的增加，导通时的电阻增加，导致其通态损耗增加，因此其基本应用在中、小功率等级的高频电力电子装置中。

此外，控制功率、可串并联运行的难易程度及价格也是选择电力电子器件时应考虑的因素。

课后练习

一、填空题

（1）AC-DC 变换器又称整流器，是将＿＿＿＿＿＿＿＿＿＿的电路。大多数整流电路由变压器、整流主电路、滤波器等组成。

（2）三相桥式整流电路是由＿＿＿＿＿＿＿＿串联而成的，一组接成共阴极，另一组接成共阳极，这种整流电路不再需要变压器中点。

（3）PWM 整流电路由全控性功率开关器件构成，采用＿＿＿＿＿＿调制，简称 PWM 控制方式。

二、判断题

（1）单相半波整流电路只用一个整流器件（功率二极管、晶闸管或 IGBT 等）。

（　　）

（2）三相桥式整流电路工作时，共阴极的三个二极管中，阳极交流电压最高的那个二极管优先导通，而另外两个二极管因承受反压处于关断状态。　　　　（　　）

（3）三相电压型 PWM 整流电路具有较慢的响应速度和更好的输入电流波形。（　　）

认知 DC-DC 变换电路

认知 DC-DC
变换电路

案例导入

某新能源专业学生要学习新能源汽车维修技术，想从基础理论开始学起，作为专业技术人员，你需要从 DC-DC 变换器概述、DC-DC 变换器工作原理和 DC-DC 降压斩波电路等方面为学员进行讲解。

知识储备

一、DC-DC 变换器概述

DC-DC 变换器又称直流斩波器，是一种将电压恒定的直流电变换为电压可调的直流电的电力电子变流装置。用 DC-DC 变换器实现直流变换的基本思想是通过对功率开关器件的导通、关断控制把恒定的直流电压或电流斩切成一系列的脉冲电压或电流，在一定滤波的条件下，在负载上可以获得平均值小于或大于电源的电压或电流。DC-DC 变换器实物如图 5-11 所示。

图 5-11　DC-DC 变换器实物

二、DC-DC 变换器的工作原理

最基本的直流斩波电路如图 5-12（a）所示，图中 S 是可控开关，R 为纯电阻负载。当 S 闭合时，输出电压为 E；当 S 关断时，输出电压为 0 V，输出波形如图 5-12（b）所示。

假设开关 S 通断的周期不变，将 S 的导通时间与开关周期之比定义为占空比，用 D 表示。占空比的改变可以通过改变导通时间或关断时间来实现。通常直流斩波电路的控制方式主要有三种。

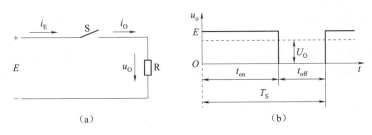

（a）　　　　　　　　　　　　（b）

图 5-12　DC-DC 变换器的工作原理

（a）直流斩波电路；（b）输出波形

1. 脉冲频率调制控制方式

在这种控制方式中，由于输出电压波形的周期或频率是变化的，因此输出谐波的频率也是变化的，这使滤波器的设计比较困难，输出波形中谐波干扰严重，一般很少采用。

2. 脉冲宽度调制控制方式

在这种控制方式中，输出电压波形的周期或频率是不变的，因此输出谐波的频率也是不变的，这使滤波器的设计变得较为容易，因此得到普遍应用。

3. 调频调宽混合控制方式

这种控制方式可以大大提高输出电压的范围，但由于频率是变化的，也存在着设计滤波器较困难的问题。

三、降压斩波电路

降压斩波电路又称 Buck 斩波电路，该电路的特点是输出电压比输入电压低，而输出电流则高于输入电流。也就是通过该电路的变换，可以将直流电源电压转换为低于其值的输出直流电压，并实现电能的转换。

降压斩波电路的拓扑结构如图 5-13（a）所示。图中 S 是开关器件，可根据应用需要选取不同的电力电子器件，如 IGBT、MOSFET、电力晶体管（giant transistor，GTR）等。L、C 为滤波电感和电容，组成低通滤波器，R 为负载，VD 为续流二极管。当 S 断开时，VD 提供续流通路。E 为输入直流电压。当选用 IGBT 作为开关器件时，电路图如图 5-13（b）所示。

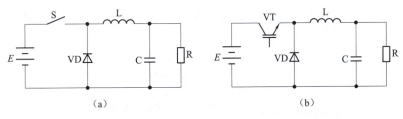

（a）　　　　　　　　　　　　（b）

图 5-13　降压斩波电路

（a）降压斩波电路的拓扑；（b）降压斩波电路图

四、升压斩波电路

升压斩波电路又称 Boost 斩波电路，用于将直流电源电压变换为高于其值的直流输出电压，实现能量从低压侧电源向高压侧负载的传递。采用 IGBT 作为开关器件的 DC-DC 升压斩波电路拓扑结构如图 5-14 所示。

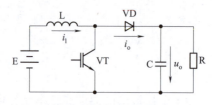

图 5-14　升压斩波电路

分析升压斩波电路的工作原理时，应假设电路中的电感值 L 很大，电容值 C 也很大。当 VT 导通时，电源 E 向电感 L 充电，充电电流基本恒定，同时电容 C 上的电压向负载 R 供电，因 C 值很大，因此能基本保持输出电压为恒定值。升压斩波电路之所以能使输出电压高于电源电压，关键有两个原因：一是电感 L 储能之后具有使电压泵升的作用；二是电容 C 可将输出电压保持住。在上面的分析中，VT 处于导通时，因电容 C 的作用使输出电压保持不变，但实际上 C 值不可能无穷大，在此阶段电容 C 向负载放电，U 会有所下降，实际输出电压会略低于理论计算结果，不过在电容 C 值足够大时，产生的误差很小，基本可以忽略。

五、升降压斩波电路

升降压斩波电路又称 Buck-Boost 斩波电路，它是一种既可以升压又可以降压的变换电路。用 IGBT 作为开关器件的升降压斩波电路拓扑结构如图 5-15 所示。电路中的电感值 L 很大，电容值 C 也很大，使电感电流和电容电压即输出电压基本保持恒定。

升降压斩波电路的工作原理：当 VT 导通时，电源经 VT 向电感 L 供电使其储存能量，同时电容 C 维持输出电压基本恒定并向负载 L 供电；当 VT 关断时，电感 L 中储存的能量向负载释放。通过电路图分析可知，负载电压极性为下正上负，与电源电压极性相反，与前述的降压斩波电路和升压斩波电路的输出电压极性相反，因此该电路又称反极性斩波电路。

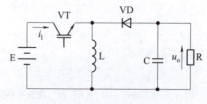

图 5-15　升降压斩波电路

六、DC-DC 变换器的应用

在直流驱动电机的功率小于 5 kW 的纯电动汽车（如观光车、巡逻车、清扫车等）中，动力电池组直接通过 DC-DC 变换器为小型电动车辆的直流电机提供直流电流。

在纯电动汽车、燃料电池汽车中，能量混合型电力系统采用升压型 DC-DC 变换器；功率混合型电力系统采用双向升降压型 DC-DC 变换器或全桥型 DC-DC 变换器。车辆在滑行或下坡制动时，驱动电机发电运行产生的电能也通过双向升降压型 DC-DC 变换器向储能电源充电。电动汽车上的动力电池组向附属设备及低压蓄电池充电时，采用隔离式降压型 DC-DC 变换器。DC-DC 变换器的应用实例如图 5-16 所示。

图 5-16　DC-DC 变换器的应用实例

任务实施

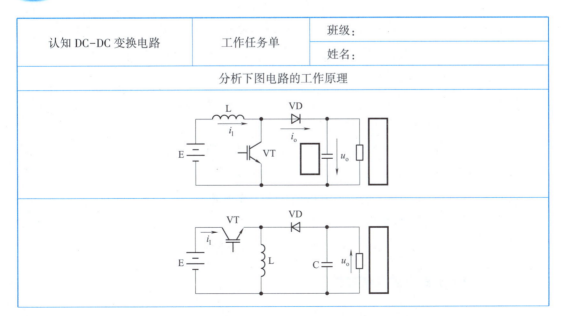

认知 DC-DC 变换电路	工作任务单	班级：
		姓名：
分析下图电路的工作原理		

续表

描述 DC-DC 变换器的应用

拓展知识

一、电力电子器件过电压的产生及过电压保护

电力电子装置可能出现的过电压主要包括外因过电压和内因过电压。外因过电压主要来自雷击和系统中的操作过程（如分闸、合闸等），而内因过电压主要来自电力电子装置内部器件的开关过程。

1. 换相过电压

由于晶闸管或与全控型器件反并联的二极管在换相结束后不能立刻恢复阻断，因而有较大的反向电流流过，当恢复了阻断能力时，该反向电流急剧减小，会由线路电感在器件两端感应出过电压。

2. 关断过电压

全控型器件关断时，正向电流迅速降低而由线路电感在器件两端感应出过电压。抑制过电压的措施种类繁多，各电力电子装置可视具体情况只采用其中的几种。其中主电路和整流式阻容保护为抑制内因过电压的措施，其功能已属缓冲电路的范畴；采用 RC 过电压抑制电路为抑制外因过电压的措施，最为常见。

RC 过电压抑制电路可接于供电变压器的两侧（供电网一侧称为网侧，电力电子电路一侧称为阀侧），或者电力电子电路的直流侧。对于大容量的电力电子装置，可采用反向阻断式 RC 电路。有关保护电路的参数计算可参考相关工程手册。采用雪崩二极管、金属氧化物压敏电阻、硒堆和转折二极管（breakover diode，BOD）等非线性元器件限制或吸收过电压也是较常用的措施。虽然硒堆比阻容元件体积大、成本高，但它有较大的吸收过电压的能力，因此广泛用于容量较大的电路。金属氧化物压敏电阻的体积小，伏安特性很陡，对于浪涌过电压的抑制能力很强，反应也快，是一种比较好的过电压保护元器件，可以取代硒堆。

二、电力电子器件过电流保护

电力电子电路运行不正常或者发生故障时，可能会产生过电流。过电流分为过载和短路两种情况。采用快速熔断器、直流快速断路器和过电流继电器是较为常用的过电流保护措施。电力电子装置一般同时采用几种过电流保护措施，以提高保护的可靠性和合理性。在选择保护措施时应注意相互协调。通常以电子电路作为第一保护措施，快速熔断器仅作为短路时部分区段的保护措施，直流快速断路器整定在电子电路动作之后实现保护，过电流继电器整定在过载时动作。采用快速熔断器（简称快熔）是电力电子装置中最有效、应用最广的一种过电流保护措施。在选择快速熔断器时应考虑如下几个方面。

（1）电压等级根据熔断后快熔实际承受的电压确定。

（2）电流容量按其在主电路中的接入方式和主电路连接形式确定。快速熔断器一般与电力电子器件串联连接，在小容量装置中也可串接于阀侧交流母线或直流母线中。

（3）快速熔断器的 I^2t 值应小于被保护器件的允许 I^2t 值，其中 I 为电流，t 为时间。

（4）为保证熔体在正常过载情况下不熔化，应考虑其时间电流特性。

快速熔断器对器件的保护方式可分为全保护和短路保护两种。全保护是指不论过载还是短路均由快熔进行保护，此方式只适用于小功率装置或器件使用裕度较大的场合；短路保护是指快熔只在短路电流较大的区域起保护作用，此方式需与其他过电流保护措施相配合。快熔电流容量的具体选择方法可参考相关的工程手册。

对重要的且易发生短路的晶闸管设备，或者工作频率较高、难以快熔保护的全控型器件，需采用电子电路进行过电流保护。除了对于变化较慢的过电流，可以利用控制系统本身的调节器对电流的限制作用之外，需指定专门的过电流保护电子电路，该电路应能够在检测到过电流之后直接调节或触发驱动电路，或者关断被保护器件。此外，也常在全控型器件的驱动电路中设置过电流保护环节，其对器件过电流的响应是最快的。

课后练习

一、填空题

（1）DC-DC 变换器又称＿＿＿＿＿＿＿＿，是一种将电压恒定的直流电变换为电压可调的直流电的电力电子变流装置。

（2）降压斩波电路又称 Buck 斩波电路，该电路的特点是输出电压比输入电压＿＿＿＿＿＿，而输出电流则比输入电流＿＿＿＿＿＿。

（3）升降压斩波电路，它是一种既可以＿＿＿＿＿＿又可以＿＿＿＿＿＿的变换电路。

二、判断题

（1）用 DC-DC 变换器实现直流变换的基本思想是通过对功率开关器件的导通、关断控制把恒定的直流电压或电流斩切成一系列的脉冲电压或电流。　　　　（　　）

（2）在直流驱动电机的功率小于 5 kW 的纯电动汽车中，动力电池组直接通过 DC-DC 变换器为小型电动车辆的直流电机提供直流电流。　　　　（　　）

（3）车辆在滑行或下坡制动时，驱动电机发电运行产生的电能也通过双向升降压型 DC-DC 变换器向储能电源充电。　　　　（　　）

任务三

认知 DC-AC 变换电路

认知 DC-AC
变换电路

 案例导入

　　某新能源专业学生要学习新能源汽车维修技术，想从基础理论开始学起，作为专业技术人员，你需要从 DC-AC 变换器概述、电压型 DC-AC 变换器和三相电流型逆变电路等方面为学员进行讲解。

 知识储备

一、DC-AC 变换器概述

　　DC-AC 变换器又称逆变器，是应用电力电子器件将直流电转换成交流电的一种变流装置，供交流负载用电或向交流电网并网发电。随着石油、煤炭和天然气等传统能源的日益减少，新能源的开发和利用越来越受到重视，逆变器有了更广泛应用。逆变技术可以将蓄电池、太阳能电池和燃料电池等通过新能源技术获得的电能变换成交流电以满足设备对电能的需求，因此逆变技术对于新能源的开发和利用起着重要的作用。DC-AC 变换器实物如图 5-17 所示。

图 5-17　DC-AC 变换器实物

二、电压型 DC-AC 变换器

　　三相电压型 DC-AC 变换器的电路结构如图 5-18 所示，在直流电源电路上并联电容器，直流侧电压基本无脉动；逆变器采用 6 个功率开关器件 $VT_1 \sim VT_6$ 和 6 个分别与其反并联的续流二极管 $VD_1 \sim VD_6$ 共同构成 IGBT 功率模块，也可以使用其他全控器件。这种电路结构每相输出有两种电平，因此又称两电平逆变电路。

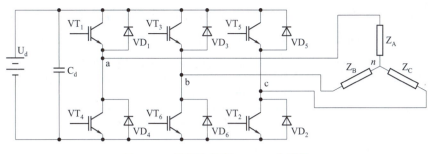

图 5-18　三相电压型 DC-AC 变换器

从电路结构上看，如果把三相负载作为三相整流电路变压器的三个绕组，那么三相桥式逆变电路即为三相桥式可控整流电路与三相桥式不可控整流电路的反并联，其中，可控电路用来实现直流到交流的逆变功能，不可控电路为感性负载电流提供续流回路，完成电流续流或能量反馈，因此二极管 $VD_1 \sim VD_6$ 称为续流二极管或反馈二极管。这种三相桥式逆变电路在交流电机变频调速系统中得到了广泛应用。

三相桥式逆变电路开关器件的导通次序和整流电路一样，也是各器件的驱动信号依次互差 60°。根据各器件导通时间的长短，分为 180° 导通型和 120° 导通型两种器件。对于瞬时完成换流的理想情况，180° 导通型的逆变电路在任意时刻都有三个管导通，每个开关周期内各管导通的角度为 180°。同相上下两桥臂中的两个管称为互补管，它们轮流导通，如 A 相中的 VT_1 和 VT_4 各导通 180°，同时相位也差 180°，电路不会因 VT_1 和 VT_4 同时导通而引起电源短路。因此 180° 导通型三相桥式逆变电路导通间隔为 60°，各管的导通情况依次是 VT_1、VT_2、VT_3、VT_4、VT_5、VT_6，如此反复。120° 导通型逆变电路各管导通 120°，任意时刻有两个不同相的管导通，同一桥臂中的两个管不是互补导通，而是有 60° 的时间间隔，所以逆变电路的各管导通间隔为 60°，按 VT_1、VT_2、VT_2、VT_3、VT_4、VT_5、VT_6 的顺序导通。当某相中没有管导通时，该相的感性电流经续流二极管导通。

三、三相电流型逆变电路

三相电流型逆变电路如图 5-19 所示，在直流电源电路上串联大电感，电流基本无脉动，相当于电流源；大电感能起到缓冲无功能量的作用，则不必给开关器件反并联功率二极管。

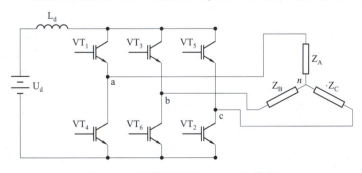

图 5-19　三相电流型 DC-AC 变换器

在输入直流电流的每个周期中，按照一定的规律控制开关器件的导通与关断，其基本的工作方式是 120° 导通方式，每个桥臂在一个周期内导通 120°，每个时刻上下桥臂组中各有一个桥臂导通，换流方式为横向换流。各开关器件通断规律见表 5-1。

表 5-1　各开关器件通断规律

工作状态	各状态下导通的开关器件					
状态 1	VT_6	VT_1	—	—	—	—
状态 2	—	VT_1	VT_2	—	—	—
状态 3	—	—	VT_2	VT_3	—	—
状态 4	—	—	—	VT_3	VT_4	—
状态 5	—	—	—	—	VT_4	—
状态 6	VT_6	—	—	—	—	VT_5

在新能源汽车上装配有多种采用交流电动机驱动的辅助设备，如空压机、空调系统的压缩机、转向助力器等，它们的电源来自动力蓄电池或燃料电池组。不仅如此，新能源汽车上需要小型的 DC-AC 逆变换器将直流电转换为交流电后，驱动辅助设备的电动机运行。目前新能源汽车驱动电机广泛采用交流电动机，其电机控制器采用三相两电平电压型逆变器实现电能变换。

任务实施

认知 DC-AC 变换电路	工作任务单	班级：
		姓名：
结合所学内容，在以下方框内填入正确的内容		

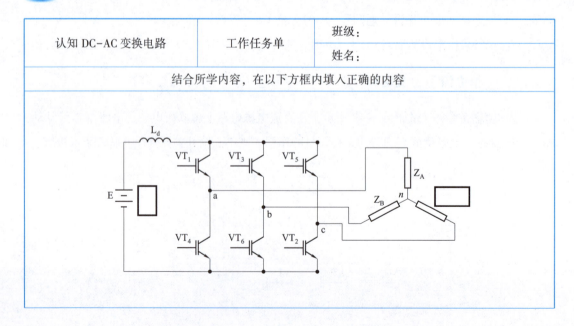

续表

工作状态	各状态下导通的开关器件					
状态 1	VT$_6$	VT$_1$	—	—	—	—
状态 2	—	VT$_1$	VT$_2$	—	—	—
状态 3	—	—			—	
状态 4	—	—	—	VT$_4$	—	
状态 5	—	—	—	VT$_4$	—	
状态 6	VT$_6$	—	—	—	—	VT$_5$

描述电压型 DC-AC 变换器的原理

 拓 展 知 识

一、电力半导体器件的驱动电路

电力半导体器件的驱动电路是电力电子电路与控制电路之间的接口，也是电力电子装置的重要环节，对整个装置的性能有很大的影响。性能良好的驱动电路可使电力电子器件工作在较理想的工作状态，缩短开关时间，减小开关损耗，对于整个装置的运行效率、可靠性和安全性都有重要意义。此外，对电力电子器件或整个装置的一些保护设备也往往就近设在驱动电路中，或者通过驱动电路来实现保护，因此驱动电路的设计更加重要了。

简单地说，驱动电路的基本功能就是将信息电子电路传来的信号按照其控制目标的要求，转换为加在电力电子器件控制端和公共端之间可以使其开通或关断的信号。对于半控型器件，只需提供开通控制信号，以保证器件按要求可靠地导通或关断。

驱动电路还要提供控制电路与主电路之间的电气隔离功能，一般采用光隔离或磁隔离。光隔离一般采用光耦合器；磁隔离的元器件通常是脉冲变压器，当脉冲较宽时，应采取措施避免铁芯饱和。

按照驱动电路加在电力电子器件控制端和公共端之间信号的性质，可以将电力电子器件分为电流驱动型和电压驱动型两类。晶闸管虽然属于电流驱动型器件，但它是半控型器件，因此下面将单独讨论其驱动电路，晶闸管的驱动电路常称为触发电路。

值得说明的是，驱动电路的具体形式可为分立元器件式或集成式，但目前的趋势是采用专用的集成驱动电路，包括双列直插式集成电路及将光耦隔离电路也集成在内的混合集成电路。为了达到各参数的最佳配合，首选生产厂家专门为所用器件开发的集成驱动电路。

二、晶闸管触发电路

晶闸管触发电路的作用是产生符合要求的门极触发脉冲，保证晶闸管在需要的时刻由阻断转为导通。晶闸管触发电路往往包括对其触发时刻进行控制的相位控制电路，一般由同步电路、移相控制、脉冲形成和脉冲功率放大四部分组成。

为了保证晶闸管的可靠触发，对晶闸管触发电路有一定要求，概括起来有如下几点。

（1）触发脉冲的宽度应保证晶闸管可靠导通。对感性和反电动势负载的变流器，应采用宽脉冲或脉冲列触发；变流器启动、双星形带平衡电抗器电路的触发脉冲应宽30°；三相全控桥式电路应采用宽为60°或采用相隔60°的双窄脉冲。

（2）触发脉冲应有足够的幅度，对于户外寒冷场合，脉冲电流的幅度应增大为器件最大触发电流的3~5倍，脉冲前沿的陡度也需增加，一般需达1~2 A/s。

（3）所提供的触发脉冲应不超过晶闸管门极的电压、电流和功率定额，且在门极伏安特性的可靠触发区域之内。

（4）应有良好的抗干扰性能、温度稳定性及与主电路的电气隔离。

三、电流驱动型器件的驱动电路

门极可关断晶闸管（GTO）和双极结型晶体管（BJT）是电流驱动型器件。GTO的开通控制与普通晶闸管类似，但对触发前沿的幅值和陡度要求较高，且一般需要在整个导通期间施加正门极电流。要使GTO关断，则需施加负门极电流，对其幅值和陡度的要求更高，幅值需达阳极电流的1/3左右，陡度需达50 A/s。GTO一般用于大容量电路场合，其驱动电路通常包括开通驱动电路、关断驱动电路和门极反偏电路三部分，可分为脉冲变压器耦合式和直接耦合式两种类型。直接耦合式驱动电路可避免电路内部的相互干扰和寄生振荡，可得到较陡的脉冲前沿，因此目前应用较广，但其功耗大、效率较低。图5-20所示为典型的直接耦合式GTO驱动电路。

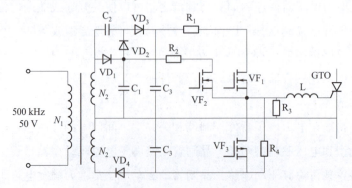

图5-20 典型的直接耦合式GTO驱动电路

🌀 课后练习

一、填空题

（1）DC-AC 变换器又称为逆变器，是应用电力电子器件将_____的一种变流装置，供交流负载用电或向交流电网并网发电。

（2）三相电压型 DC-AC 变换器电路结构中逆变器采用 6 个功率开关器件 $VT_1 \sim VT_6$ 和 6 个分别与其反并联的续流二极管 $VD_1 \sim VD_6$ 共同构成的_____，也可以使用其他全控器件。

（3）三相电流型逆变电路，在输入直流电流的每个周期中，按照一定的规律控制开关器件的导通与关断，其基本的工作方式是_____。

二、判断题

（1）逆变技术可以将蓄电池、太阳能电池和燃料电池等通过新能源技术获得的电能变换成交流电以满足设备对电能的需求。　　　　　　　　　　　　　（　　）

（2）三相桥式逆变电路开关器件的导通次序和整流电路一样，各器件的驱动信号依次互差 60°。　　　　　　　　　　　　　　　　　　　　　　　　（　　）

（3）三相电流型逆变电路中大电感不能起到缓冲无功能量的作用。　（　　）

项目六 | 电机控制器

任务一

认知电机控制器

认知电机
控制器

 案例导入

某客户新买了一辆比亚迪秦 EV 轿车，但该客户缺乏对该车辆的了解，作为专业人员，你需要从电机控制器概述、电机控制器的结构和功能等方面为客户进行讲解。

知识储备

一、电机控制器概述

电机控制器是电动汽车核心系统之一，是车辆行驶的主要驱动系统，其特性决定了车辆的主要性能指标，直接影响车辆动力性、经济性和用户驾乘感受。以下介绍电机控制器的主要部件结构和检测技术。

1. 驱动电机管理模块

驱动电机管理模块（控制器）（motor control unit，MCU），主要用于管理和控制驱动电机的运转速度、方向以及将驱动电机作为逆变电机发电。MCU 的功能类似于传统燃油汽车的发动机控制模块（ECM）。

目前在纯电动汽车上使用的驱动电机管理模块主要有两种类型，一种是仅用于控制驱动电机的，即 MCU；另一种是具有集成控制功能的，即 MCU 与 DC-DC 变换器集成，这类驱动电机管理模块又称动力控制单元（power control unit，PCU），如图 6-1 所示。

图 6-1　PCU

DC-DC 转换器用于将动力电池或逆变器产生的电能转换成 12 V 低压电能，用于给 12 V

蓄电池充电和车身电气设备供电。

将 MCU 与 DC–DC 转换器集成化是目前纯电动汽车与混合动力汽车驱动电机管理模块发展的一个趋势，这种集成度更高的系统既节省了成本，又利于系统之间信息的共享与车辆部件的布置设计。

2. 逆变器

为了提高驱动电机系统的效率，HEV 主要采用交流电机驱动。为了驱动交流电机，需要逆变器从直流获得交流电力。

1）逆变器的构成

图 6-2 所示为丰田普锐斯内置了逆变器之后的车载动力控制单元，动力控制单元由内置了动力装置元器件的智能功率模块（intelligent power module，IPM）、电容器、电抗器、冷却系统、电流传感器等构成。

图 6-2　丰田普锐斯车载动力控制单元

驱动电机系统主回路的构成，如图 6-3 所示。

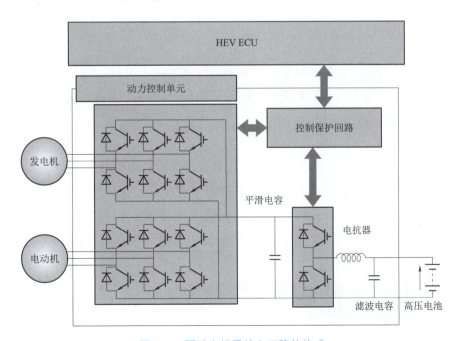

图 6-3　驱动电机系统主回路的构成

2）逆变器的控制

新能源汽车采用的驱动电机要求在停止及低速区域输出大转矩，在最高车速区域实现大功率输出等。现在新能源汽车所用主流电机为永磁同步电机，通过弱磁场控制，可以实现大范围的转速区域输出。

逆变器大多采用的是电压输出式，电路中 PWM 方式的矩形波输出电压的脉冲幅度定期变化，频率在数千赫兹以上的高频进行转换，将直流电压转换成交流电压。

影响电机输出的电压成分取决于基波分量，因此为了加大该基波分量，采用使逆变器输出电压波形变形增大电压基波分量的方法。在此，调制度是指逆变器电源电压与输出电压的基波分量的比。电压波形可划分为正弦波 PWM、过调制 PWM、矩形波三种。表 6-1 所示的是各自的适用区域。

表 6-1　电压波形与调制度

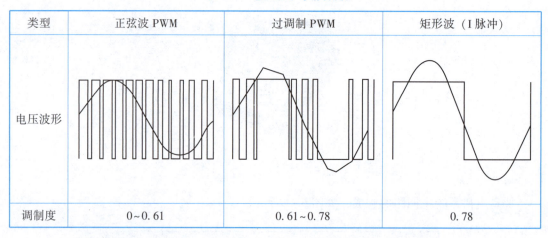

类型	正弦波 PWM	过调制 PWM	矩形波（I 脉冲）
电压波形			
调制度	0~0.61	0.61~0.78	0.78

3）内部构造

车辆驱动用逆变器由于在高频下进行转换，要求功率半导体元器件转换高速化。另外，为了应对大功率输出，也要求高电压输出。因此，大多采用 IGBT 兼具 MOS 构造的电压驱动特性与双极晶体管的强电力特性。

4）冷却器

逆变器的主要发热部分是功率半导体元器件 IGBT 和快恢复二极管（fast recoverv diode，FRD），需要对其进行高效地冷却。冷却方式有风冷方式与水冷方式。大功率逆变器一般采用水冷方式。图 6-4 所示为动力模块剖面。功率半导体元器件借助动力模块内部绝缘印制电路板以及散热板，通过冷却器实现冷却。因此，降低热阻与提高冷却器能力至关重要。

为了提高散热能力，新的技术中不通过散热润滑剂，而是采用将功率半导体元器件直接安装在冷却器上进行直接冷却。

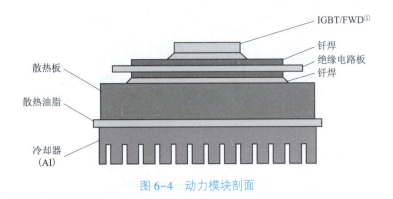

图 6-4　动力模块剖面

直接冷却构造中，线性膨胀系数较高的冷却器的热应力直接作用于绝缘电路板，因此，如何确保热收缩的长期可靠性是一个重要的技术。

5）电容器

主电路电容器有平滑电容器和滤波电容器，这些电容器具有高耐压、寿命长、耐温特性良好等优点，因此采用薄膜电容器的情况有所增加。通过采用薄 PP 膜，可以实现电容器装置的小型化。单位体积的静电容量与薄膜厚度的二次方大致成正比，因此，薄膜化对于实现小型、轻量化来说是最为有效的手段。另外，通过开发各种蒸镀方式，以最佳形式来应对较大的脉动和实现高安全性（自我保障功能）。

3. DC-DC 转换器

HEV、EV 配置两种电池，一种是作为行驶用电机电源的高电压主机电池（动力电池），另一种是作为车辆附件类及控制 ECU 电源的 12 V 辅助电池。

图 6-5 所示为混合动力系统组成示意图。EV 无法利用发动机的动力进行发电，因此一般搭载 DC-DC 转换器，进行主机电池向辅助电池的降压式直流-直流电力转换。HEV 可以通过交流发电机发电，但是混合动力系统为了改善油耗，要反复进行怠速停机与起动发动机，因此一般采用可以输出稳定电压、可高效完成电力转换的 DC-DC 转换器。

冷却方面，有的 DC-DC 转换器在发动机舱内与逆变器整体化配置，通过冷却系统进行水冷；有的 DC-DC 转换器搭载在行李舱内主机电池的电池盒上，通过风扇进行风冷。其冷却方式根据 DC-DC 转换器配置位置的环境温度与 DC-DC 转换器自身的损耗来决定。无论哪种方式，提高效率是共同的目标。

与一般的 DC-DC 转换器不同，车用 DC-DC 转换器要求输入电压范围广、温度范围广等。另外，由于其多搭载在行李舱内，因此冷却方式一般采用风冷。

---

① FWD 为续流二极管。

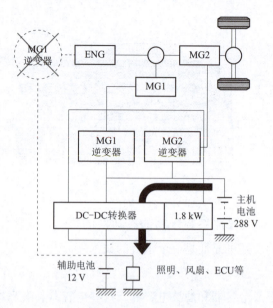

图 6-5　混合动力系统组成示意图

二、吉利帝豪 EV450 电机控制器概述

吉利帝豪 EV450 电机控制器安装在前舱内，采用控制器局域网（controller area network，CAN）通信技术，控制着动力电池组到电机之间能量的传输，同时采集电机位置信号和三相电流检测信号，精确地控制驱动电机运行，如图 6-6 所示。

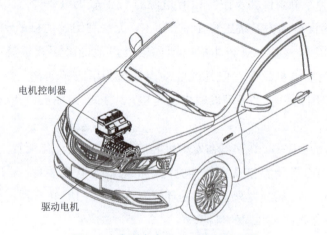

图 6-6　吉利帝豪 EV450 电机控制器

电机控制器既能将动力电池中的直流电转换为交流电以驱动电机，又能将车轮旋转的动能转换为电能（交流电转换为直流电），给动力电池充电。减速阶段，电机作为发电机应用。DC-DC 变换器集成在电机控制器内部，其功能是将电池的高压电转换成低压电，给整车低压系统供电。吉利帝豪 EV450 电机控制器的工作原理如图 6-7 所示。

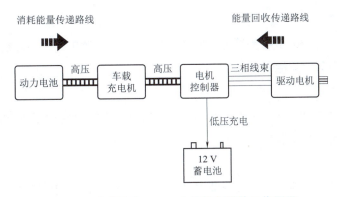

图 6-7　吉利帝豪 EV450 电机控制器的工作原理

三、吉利帝豪 EV450 电机控制器的结构

吉利帝豪 EV450 电机控制器内部包含 1 个逆变器和 1 个 DC-DC 转换器，逆变器由 IGBT、直流母线电容、驱动和控制电路板等组成，实现直流（可变的电压、电流）与交流（可变的电压、电流、频率）之间的转变。DC-DC 转换器由高低压功率器件、变压器、电感、驱动和控制电路板等组成，实现直流高压向直流低压的能量传递。吉利帝豪 EV450 电机控制器还包含冷却器（通冷却液），用于给电子功率器件散热。吉利帝豪 EV450 电机控制器的外部接口如图 6-8 所示。

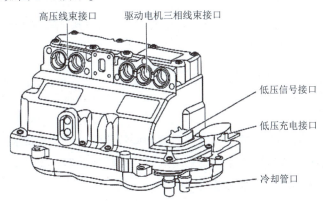

图 6-8　吉利帝豪 EV450 电机控制器的外部接口

四、吉利帝豪 EV450 电机控制器的工作模式

1. 转矩控制模式

在转矩控制模式下，电机控制器可以控制电机轴向四象限的转矩。由于没有转矩传感器，转矩指令（由整车控制器发送）被转换成电流指令，并进行闭环控制。转矩控制模式只有在获得正确的初始偏移角度时才能使用。

2. 静态模式

静态模式在电机控制器处于被动状态（待机状态）或故障状态时被激活。

3. 主动放电模式

主动放电模式用于高压直流端电容的快速放电。主动放电指令来自整车控制器的指令或由电机控制器内部故障触发。

4. DC-DC 转换

电机控制器中的 DC-DC 转换器将高压直流端的高压转换成指定的直流低压（12 V），低压设定值来自整车控制器指令。

5. 系统诊断功能

当故障发生时，软件根据故障级别使 PEU 进入安全状态或限制状态。安全状态包括主动短路或 Freewheel 模式，限制状态包括四个级别的功率/转矩输出限制。PEU 中软件提供基于 ISO-14229 标准的诊断通信功能，见表 6-2。

表 6-2 系统诊断功能

诊断项目	诊断内容
传感器诊断	电流传感器、电压传感器、温度传感器、位置传感器等故障诊断
电机诊断	电流调节故障，电机性能检查，主动短路或空转条件不满足，转子偏移角诊断等
CAN 通信诊断	包括 CAN 内存检测，总线超时，报文长度、Checksum 校验，收发计数器的诊断
硬件安全关键诊断	相电流过流诊断、直流母线电压过压诊断，高/低压供电故障诊断，处理器监控等
DC-DC 诊断	DC-DC 传感器以及工作状态诊断

6. 旋转变压器

旋变信号的作用是反映驱动电机转子当前的旋转相位，电机控制器通过旋变信号计算当前的驱动电机转速。本车旋转变压器采用磁阻式旋转变压器。旋变转子与驱动电机转子同轴连接，随电机转轴旋转。旋变定子内侧有感应线圈，安装在驱动电机定子上。驱动电机旋转时，带动旋变转子旋转。旋变器与电机控制器中间通过 6 根低压线束连接，2 根是电机控制器激励信号，另外 4 根分别是旋变器输出的正弦信号和余弦信号。6 根线当中任何一根线路出现故障都会导致驱动电机无法正常工作。旋转变压器如图 6-9 所示。

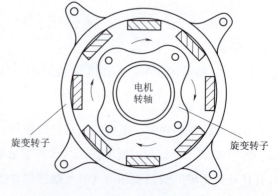

图 6-9 旋转变压器

7. PWM 脉宽调制信号

由软件来控制 IGBT 的通断，使其输

出端得到一系列幅值相等而宽度不相等的脉冲，可用这些脉冲来代替交流正弦波形。再按照一定的规则对各脉冲的宽度进行实时调制，就可改变逆变电路输出电压的大小，也可改变输出频率。这样就可使其输出所需要的 PWM 脉宽调制信号，实现对驱动电机的电压或频率的调整，如图 6-10 所示。

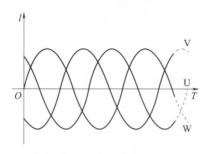

图 6-10　PWM 脉宽调制信号

8. 驱动电机温度控制

驱动电机定子上设置有 2 组温度传感器，温度传感器采用负温度系数的电阻（温度越高电阻越低），通过传感器电阻的变化，电机控制器可实时监控驱动电机的温度，防止电机温度过高。

 任务实施

认知电机控制器	工作任务单	班级：
		姓名：
结合所学内容，在以下方框内填入正确的内容		

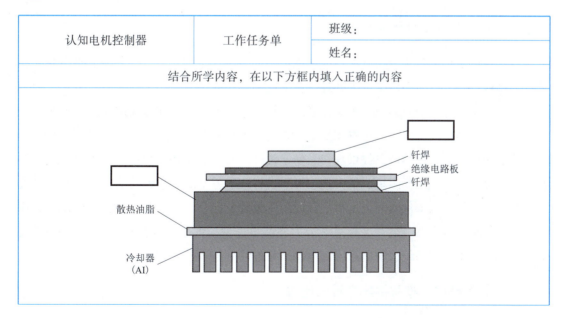

续表

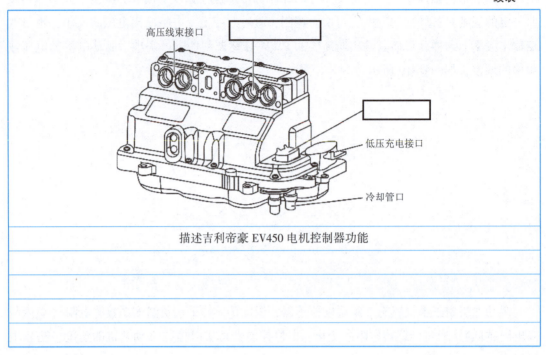

描述吉利帝豪 EV450 电机控制器功能

拓展知识

一、母排与叠层母排简介

母排是供电传输系统中导电材料的名称，即电柜中总控制开关与各分路电路中开关的连接铜排或铝排。其表面做了绝缘处理，主要起到导线的作用。

叠层母排（laminated busbar）又称复合母排、层叠母排、层叠母线排或复合铜排，是一种多层复合结构的连接排，可看作配电系统的高速公路。与传统、笨重、费时和烦琐的配线方法相比，复合母排可以提供现代、易于设计、安装快速和结构清晰的配电系统，是具有可重复电气性能、低阻抗、抗干扰、可靠性好、节省空间、装配简洁快捷等特点的大功率模块化连接结构部件。复合母排广泛应用于电力及混合牵引设备、电力牵引设备、蜂窝移动通信系统、基站、电话交换系统、大型网络设备、大中型计算机、电力开关系统、焊接系统、军事设备系统、发电系统、电动设备的功率转换模块等。

二、车载叠层母排与传统母排的比较

在主电路中，由于开关器件、直流侧电容的寄生电感等一般都无法改变，因此抑制开关电压尖峰的根本措施就是降低主回路母线的分布电感。作为直流侧支撑电容与开关器件的电气连接，母排一般有两种形式：一种是平行排列的铜条或铜板，即传统母排；另一种是叠层母排。表6-3为传统母排与叠层母排的比较。

表 6-3 传统母排与叠层母排的比较

名称	传统母排	叠层母排
外观		
可安装性	需多次安装操作，容易出错	一次性安装，出错率低
总体成本	设备尺寸一般较大，结构紧凑性不好，整体成本高	结构紧凑，有利于减小设备整体尺寸，整体成本低
电感性能	杂散电感值大	叠层结构紧密，杂散电感值小
电容性能	电容设计无法优化	可通过改变叠层材料优化电容量
使用寿命	铜基裸露，一般 3 年左右	包裹结构，一般 10 年左右

传统母排虽然制造简单、易实现，对于电压尖峰有一定的抑制效果，但互感依然强烈，仅仅适用于功率较大但性能要求很低的场合。叠层母排的优势在于将连接线做成了扁平的截面，在同样的电流截面下增大了导电层的表面积，同时导电层之间的间隔也大幅度降低。由于邻近效应使相邻导电层流过相反的电流，它们产生的磁场相互抵消，从而使线路的分布电感大幅度降低，另外由于其扁平的外形特征，其散热面积也大幅增加，有利于载流量的提升。

 课后练习

一、填空题

（1）电机控制器是电动汽车核心系统之一，是车辆行驶的主要驱动系统，其特性决定了车辆的主要性能指标，直接影响车辆_____。

（2）驱动电机管理模块（控制器），主要用于管理和控制_____的运转速度、方向以及将驱动电机作为逆变电机发电。

（3）HEV、EV 配置两种电池，一种是作为行驶用电机电源的_____，另一种是作为车辆附件类及控制 ECU 电源的 12 V 辅助电池。

二、判断题

（1）DC-DC 转换器是直流-直流的电压变换器，用于将动力电池或逆变器产生的电能转换成 12 V 低压电能。 （ ）

（2）为了驱动交流电机，从直流获得交流电力的电力转换装置称为逆变器。 （ ）

（3）逆变器大多采用的是电流输出式，而 PWM 方式的矩形波输出电压的脉冲幅度定期变化。 （ ）

电机控制器性能检测

 **案例导入**

某客户的吉利 EV450 轿车无法行驶，初步判定为电机控制器故障，4S 店派工让你对该车辆的电机控制器进行检测，你能完成这个任务吗？

知识储备

一、检查与维护前的准备工作及注意事项

（1）准备检查与维护驱动电机控制器前应关闭点火开关，拔下钥匙。

（2）拆下低压蓄电池负极，断开整车低压控制电源。

（3）断开动力电池维修开关。

（4）当车辆举升到需要的高度时，要锁止举升机安全锁。

（5）拆下动力电池总正、总负和低压线束插头。

二、检查与清洁驱动电机控制器

（1）检查驱动电机控制器表面是否有油液、污渍，如图 6-11 所示。

图 6-11　检查驱动电机控制器表面

（2）目测驱动电机控制器外观有无磕碰、变形或损坏，并使用压缩空气或干布对驱动电机控制器的外表面进行清洁，如图 6-12 所示。

图 6-12　清洁驱动电机控制器外表面

（3）检查驱动电机控制器端子电压及插接件。

①检查驱动电机控制器高压插接件是否连接到位，是否有退针现象，是否存在触点烧蚀的情况，如图 6-13 所示。

图 6-13　检查驱动电机控制器高压插接件

②检查驱动电机控制器低压插接件是否存在退针、变形、松脱、过热和损坏的情况，如图 6-14 所示。

图 6-14　检查驱动电机控制器低压插接件

三、电机控制器性能检测步骤

1. 检查电机控制器保险丝 EF18、EF31 和蓄电池正极柱头保险丝是否熔断

（1）操作启动开关使电源模式至 OFF 状态。

（2）拔下保险丝 EF31，检查熔断丝是否熔断。保险丝额定容量：10 A。

（3）拔下保险丝 EF18，检查熔断丝是否熔断。保险丝额定容量：30 A。

（4）拔下蓄电池正极柱头熔断丝，检查熔断丝是否熔断。保险丝额定容量：150 A。

2. 检查电机控制器低压电源电压

（1）操作启动开关使电源模式至 OFF 状态。

（2）断开电机控制器线束连接器 EP11。

（3）操作启动开关使电源模式至 ON 状态。

（4）用万用表测量电机控制器线束连接器 EP11 端子 25 和车身接地之间的电压值，如图 6-15 所示。标准电压：11~14 V。

（5）用万用表测量电机控制器线束连接器 EP11 端子 26 和车身接地之间的电压值，如图 6-15 所示。标准电压：11~14 V。

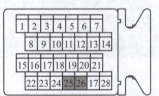

图 6-15　电机控制器线束连接器 EP11 端子 25、26

（6）确认测量值是否符合标准。

3. 检查电机控制器接地电阻

（1）操作启动开关使电源模式至 OFF 状态。

（2）断开电机控制器线束连接器 EP11。

（3）用万用表测量电机控制器线束连接器 EP11 端子 11 和车身接地之间的电阻，如图 6-16 所示。标准电阻：小于 1 Ω。

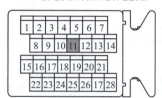

图 6-16　电机控制器线束连接器 EP11 端子 11

（4）确认测量值是否符合标准。

4. 检查分线盒线束

（1）操作启动开关使电源模式至 OFF 状态。

（2）断开蓄电池负极电缆。

（3）拆卸维修开关。

（4）断开电机控制器高压线束连接器 EP54，如图 6-17 所示。

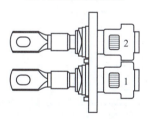

图 6-17　电机控制器高压线束连接器 EP54

（5）断开直流母线线束连接器 EP42（分线盒侧），如图 6-18 所示。

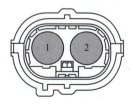

图 6-18　直流母线线束连接器 EP42

（6）用万用表测量电机控制器高压线束连接器 EP54 端子 1 和直流母线线束连接器

EP42 端子 1 之间的电阻。标准电阻：小于 1 Ω。

（7）用万用表测量电机控制器高压线束连接器 EP54 端子 2 和直流母线线束连接器 EP42 端子 2 之间的电阻。标准电阻：小于 1 Ω。

（8）确认测量值是否符合标准。

5. 检查检测 DC-DC 变换器与蓄电池之间的线路

（1）操作启动开关使电源模式至 OFF 状态。

（2）断开蓄电池负极电缆。

（3）断开电机控制器线束连接器 EP12。

（4）断开蓄电池正极电缆。

（5）用万用表测量电机控制器线束连接器 EP12 端子 1 和蓄电池正极电缆之间的电阻。标准电阻：小于 1 Ω。

（6）确认测量值是否符合标准。

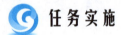 **任务实施**

电机控制器性能检测	工作任务单	班级：
		姓名：
描述电机控制器低压电源电压的检查步骤		
描述电机控制器接地电阻的检查步骤		
描述分线盒线束的检查步骤		

 拓展知识

一、层叠母排对于杂散电感的抑制原理

开关器件在换流过程中，快速变化的电流可以作为一个瞬间的高频电流。由于邻近效应的存在，导体的高频电流将会在邻近导体层形成镜像电流。当两个导通层之间的信号路径与地平面路径以层叠方式放置，并且导体层之间的距离远小于导体宽度时，在集肤效应的作用下，两导体层上的高频电流相互靠近、聚集在内层邻近表面，形成一对方向相反的电流，此时导体的部分高频磁场在一定程度上彼此抵消。这种磁场相互抵消的现象可以等效为两导体层之间的杂散电感在一定程度上得到抑制。导体层之间产生的镜像电流的分布分为两种情况：当信号本身有自己独立的返回路径时，称为平衡路径；当信号本身与邻近地平面之间形成往返路径时，称为非平衡路径。在非平衡路径下，信号电流和镜像电流产生的辐射磁场能够相互抵消。因此，在非平衡路径下，电流回路面积达到最小值，与此同时，信号电流和镜像电流之间的回路杂散电感也非常小。当设置信号路径和地平面路径长度相等时，就形成了所谓的叠层母排。

根据此原理可知，叠层母排能够实现降低杂散电感应用效果的前提条件为：①换流回路中，同一高频电流要流过所有铜排导体形成一个完整的换流过程；②换流回路中的所有铜排导体要通过叠层结构设计来达到非平衡路径。

针对常用的两电平全桥拓扑电路连接母排，可以将换流回路简化为由两块直流母线铜排构成。根据基尔霍夫电流定理可知，流经正、负母线铜排上的电流始终大小相等、方向相反，即满足条件①的要求；在结构上只要将正、负母线铜排叠层设置，即可满足条件②的要求。因此对于两电平全桥拓扑的换流回路，可以通过叠层母排的结构设计来实现主电路的电气连接，从而达到降低回路中的杂散电感的应用效果。

二、叠层母排的性能特点

1. 能够减少杂散电感，降低尖峰电压，从而提高系统的可靠性、安全性

杂散电感（寄生电感）导致的尖峰电压会导致 IGBT 在通、断时的能量聚集，造成电压突变，而低感母排独特的平行平面设计可将杂散电感减到最低，从而降低尖峰电压。在电流大小相同、方向相反的正负连接复合母排上，由于流过母线上的正负电流方向相反，从而抵消了线路上的差模杂散电感。

2. 阻抗低，互感和自感量低，发热少

阻抗最大的是圆形导体，最小的是平板形导体。减少阻抗相应地就会降低阻值和功率损失。复合母排大面积、小距离的特点可以使自感最小。

3. 抗干扰能力强，可靠性高

噪声大多是由开关动作或静态功率转换器等干扰所造成，因为正常信号也是以通模的

状态存在，所以干扰与正常信号叠加在一起时，器件是无法分辨的，而母排的噪声远低于电缆，因此具有良好的抗干扰性能。

4. 线路改善散热特性

复合母排所采用的平行平面设计可以使母排表面积增大，连接集中，便于作散热设计，因此可承受电路中更高的电流值，载流能力大幅提升。

5. 整体简洁、紧凑

叠层母排便于模块化设计，总体成本降低，安装防错能力强，能够大幅减少配线错误，安装效率高。

在未来，叠层母排将广泛应用于功率转换（如太阳能逆变器、风能变流器），通信（如通信基站、配电系统），交通（如机车、电车），计算机（如服务器、大型主机），电动汽车充电站，电动船舶，不间断电源（uninterruptible power supply，UPS）等众多领域。量身定做的模块式结构便于安装和现场服务，使产品具有更高的可靠性和安全性，以更低的电压降实现高电流承载能力，并成为行业未来发展的趋势。

 课后练习

一、填空题

（1）清洁驱动电机控制器时，要目测驱动电机控制器外观有无_____，并使用压缩空气或干布对驱动电机控制器的外表面进行清洁。

（2）检查驱动电机控制器端子电压及插接件时，要检查驱动电机控制器高压插接件是否连接到位，是否有_____现象，是否存在触点烧蚀的情况。

（3）检查电机控制器蓄电池正极柱头保险丝是否熔断时，拔下蓄电池正极柱头保险丝，检查保险丝是否熔断，保险丝额定容量为_____。

二、判断题

（1）准备检查与维护驱动电机控制器前应关闭点火开关，拔下钥匙。　　　（　　）

（2）当车辆举升到需要的高度时，要锁止举升机安全锁。　　　（　　）

（3）检查驱动电机控制器表面是否有油渍、污渍，不是电机控制器性能检测必须做的项目。　　　（　　）

任务三
认知电机能量回收系统

认知电机能量
回收系统

某客户新买了一辆比亚迪秦 EV 轿车，但该客户缺乏对该车辆的能量回收系统的了解，作为专业人员，你需要从新能源汽车能量回收系统、制动能量回收的影响因素和制动能量回收方法等方面为客户进行讲解。

一、新能源汽车能量回收系统简介

能量回收系统又称制动能量回收系统或再生制动系统，其功能是在减速制动（或者下坡）时将新能源汽车的部分动能转化为电能，并将电能储存在储存装置（如各种蓄电池、超级电容和超高速飞轮）中，最终增加新能源汽车的续驶里程。

图 6-19 所示为新能源汽车制动能量回收系统的基本结构，当驾驶员踩下制动踏板后，电泵使制动液增压产生所需的制动力，制动控制模块与电机控制模块协同工作，确定电动汽车上的再生制动力矩和前后轮上的液压制动力。再生制动时，再生制动控制模块回收再生制动能量，并且反充至动力电池中。与传统燃油车相同，电动汽车上的 ABS 及其控制阀的作用是产生最大的制动力。

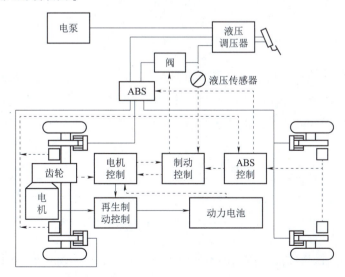

图 6-19　新能源汽车制动能量回收系统的基本结构

二、制动能量回收方法

储能原理不同，汽车制动能量回收的方法也不同，主要分为飞轮储能、液压储能和电化学储能三种。

飞轮储能是利用高速旋转的飞轮来储存和释放制动能量的，制动能量回收系统原理图如图 6-20 所示。当汽车制动或减速时，先将汽车在制动或减速过程中的动能转换成飞轮高速旋转的动能；当汽车再次起动或加速时，高速旋转的飞轮又将存储的动能通过传动装置转化为汽车行驶的驱动力。

图 6-20　飞轮储能时制动能量回收系统原理图

图 6-21 所示为一种飞轮储能式制动能量回收系统示意图。系统主要由发动机、高速储能飞轮、增速齿轮、离合器和驱动桥组成。发动机用来提供驱动汽车的主要动力，高速储能飞轮用来回收制动能量及作为负荷平衡装置，为发动机提供辅助功率以满足峰值功率的要求。

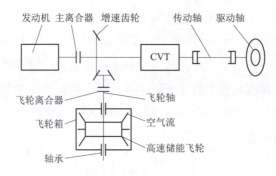

图 6-21　飞轮储能式制动能量回收系统示意图

液压储能式制动能量回收系统原理图如图 6-22 所示。它先将汽车在制动或减速过程中的动能转换成液压能，并将液压能储存在液压储能器中；当汽车再次起动或加速时，储能系统又将储能器中的液压能以机械能的形式反作用于汽车，以增加汽车的驱动力。

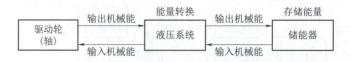

图 6-22　液压储能式制动能量回收系统原理图

图 6-23 所示为液压储能式制动能量回收系统示意图。该系统由发动机、液压泵/电动机、储能器、变速器、驱动桥、离合器和液压控制系统等组成。汽车起动、加速或爬坡

时，液控离合器接合，液压储能器与连动变速器连接，液压储能器中的液压能通过液压泵/电动机转化为驱动汽车的动能，用来辅助发动机满足驱动汽车所需要的峰值功率。减速时，电控元件发出信号，使系统处于储能状态，将动能转换为压力能储存在液压储能器内，这时汽车行驶阻力增大，车速降低直至停车。在紧急制动或初始车速较高时，制动能量回收系统不工作，不影响原车制动系统正常工作。

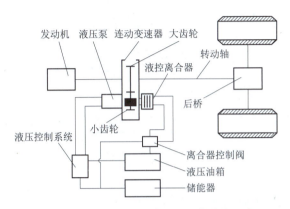

图 6-23　液压储能式制动能量回收系统示意图

电化学储能式制动能量回收系统原理图如图 6-24 所示。它先将汽车在制动或减速过程中的动能，通过发电机转化为电能并以化学能的形式储存在储能器中；当汽车再次启动或加速时，再将储能器中的化学能通过电动机转化为汽车行驶的动能。储能器可采用动力电池或超级电容，由发电机/电动机实现机械能和电能之间的转换。系统还包括一个控制单元，用来控制蓄电池或超级电容的充放电状态，并保证蓄电池的剩余电量在规定的范围内。

图 6-24　电化学储能式制动能量回收系统原理图

图 6-25 所示为一种前轮驱动汽车的电化学储能式制动能量回收系统示意图。当汽车以恒定速度或加速度行驶时，电磁离合器脱开。当汽车制动时，行车制动系统开始工作，汽车减速制动，电磁离合器接合，从而接通驱动轴和变速器的输出轴；这样，汽车的动能由输出轴、离合器、驱动轴、驱动轮和被驱动轮传到发动机和飞轮上；制动时的机械能由电动机转换为电能，存入动力电池。当离合器再分离时，传到飞轮上的制动能驱动发电机产生电能，存入蓄电池；发电机和飞轮回收能量的同时，产生负载作用，作为前轮驱动的制动力。当汽车再次起动时，动力电池的化学能被转换成机械能用来加速汽车。

电动汽车一般采用这种形式实现制动能量回收，采用的办法是在制动或减速时将驱动电机转化为发电机。

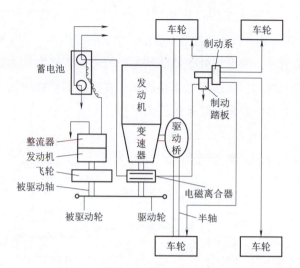

图 6-25　前轮驱动汽车的电化学储能式制动能量回收系统示意图

三、电动汽车制动能量回收系统的作用

制动能量回收对于提高电动汽车的能量利用率具有重要意义。在汽车制动过程中，汽车的动能通过摩擦转化为热能而耗散掉，浪费了大量的能量。有关研究数据表明从平均数值看，制动能量占总驱动能量的 50% 左右。

在电动汽车上采取制动能量回收方法的主要作用有以下几点。

（1）提高电动汽车的能量利用率，延长电动汽车的续驶里程。

（2）电制动与传统制动相结合，减轻传统制动器的磨损，延长其使用周期，降低成本。

（3）减少汽车制动器在制动，尤其是缓速下长坡及滑行过程中产生的热量，降低汽车制动器的热衰退，提高汽车的安全性和可靠性。

四、制动能量回收系统的能量回收模式

根据车辆运行状况，制动能量回收系统的能量回收具备不同的模式。

1. 发动机关闭时滑行/制动状态下的能量回收模式

在发动机关闭时，滑行/制动状态下的能量回收模式如图 6-26 所示。此时，发动机与电机离合器打开，电机/发电机离合器闭合，能量仅通过电机/发电机回收。

2. 发动机倒拖时滑行/制动状态下的能量回收模式

在发动机倒拖时，滑行/制动状态下的能量回收模式如图 6-27 所示。此时，发动机与电机离合器闭合，电机/发电机离合器闭合，能量除了通过电机/发电机回收外，一部分用于发动机制动（此时发动机切断燃油供给）。

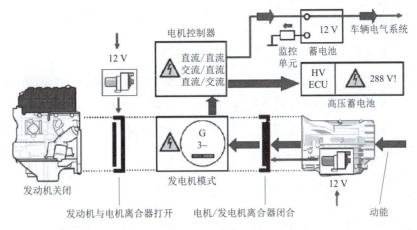

图 6-26　发动机关闭时滑行/制动状态下的能量回收模式

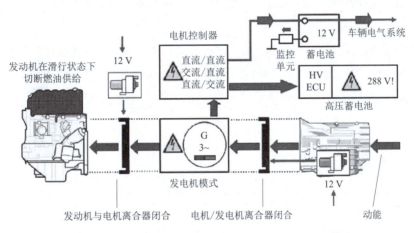

图 6-27　发动机倒拖时滑行/制动状态下的能量回收模式

3. 发动机起动时滑行/制动状态下的能量回收模式

在发动机起动时，滑行/制动状态下的能量回收模式如图 6-28 所示。此时，发动机与电机离合器打开，电机/发电机离合器闭合，能量仅通过电机/发电机回收。

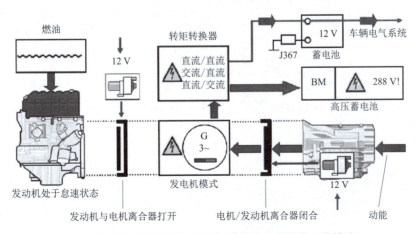

图 6-28　发动机起动时滑行/制动状态下的能量回收模式

五、制动能量回收要求

1. 满足制动安全的要求

在回馈制动过程中，制动安全是第一位的，因而根据整车的制动要求，回馈制动系统应保持一定的制动转矩，以保证整车的制动效能，如制动减速度、制动距离等。在一般的减速过程中，回馈制动可以满足要求。当制动力矩需求大于系统回馈制动能力时，还需要采用传统的机械制动。此外，当转速低至回馈制动无法实现时，也需要采取其他制动方式辅助制动运行。

2. 电动机系统的回馈能力

回馈制动系统在工作过程中，应考虑电动机系统在发电过程中的工作特性和输出能力。因此需要对回馈过程中的电流大小进行限制，以保证电动机系统的安全运行。

3. 电池组的充电安全

电动汽车常用的能源多为铅酸电池、锂电池、镍氢电池等，充电时应避免充电电流过大，损坏蓄电池，因此回馈制动系统的容量除了要考虑电动机系统的回馈能力，还应包含蓄电池的充电承受能力。由于回馈制动过程时间有限，因此主要约束条件为充电电流的大小。

 任务实施

认知电机能量回收系统	工作任务单	班级：
		姓名：
结合所学内容，在以下方框内填入正确的内容		

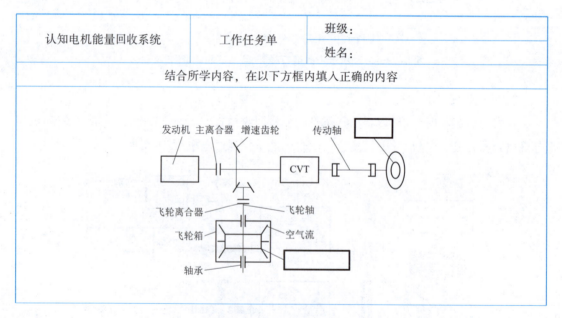

续表

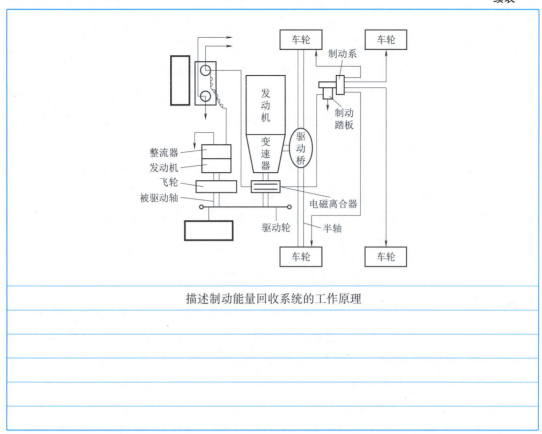

描述制动能量回收系统的工作原理

 **拓 展 知 识**

一、丰田混合动力车的制动能量回收系统

丰田混合动力车制动能量回收系统主要由原发动机车型的液压制动器（包括液压传感器、液压阀）与电机（减速、制动时起发电机的作用，即转变为能量回收发电工况）、逆变器、电控单元（包括动力蓄电池电控单元、电机电控单元和能量回收电控单元）组成。

该系统的特点是采用制动能量回收与液压制动协调控制，其协调制动的原理是在不同路况和工况条件下，首先确保车辆制动的稳定性和安全性，其次考虑动力电池的再生制动能力（由动力电池电控单元控制），并由整车电控单元集中控制、使车轮制动转矩与电机能量回收制动转矩之间达到平衡。

当驾驶员踩制动踏板时，则按照制动踏板受力大小，通过行程模拟器（stroke simulator）等部分，液压制动器（液压伺服制动系统）实时进入相应工作，紧接着制动能量回收系统也将进入工作状态。如果动力蓄电池的电控单元判断动力蓄电池有一定的荷电量（SOC）回收能力，制动能量回收整个制动力的相应部分；当车辆接近停止时，制动能量回收系统制动力变为零。但是在液压制动保持不变的状态下，只考虑制动能量回收率上升而增加制动力，将导致驾驶员对制动路感变差。为解决这一问题，开发了电子线控制动（brake by wire）的电子控制制动器（electronic control brake，ECB）。在电子控制制动器中，制动踏板与车轮制动分泵不通过液压管路直接连接，而通过电控单元（ECU）向液压能量供给源发出相应指令，使对应于制动能量回收制动强度的液压传递到相应车轮制动分泵。因此，制动能量回收制动与液压制动之和达到与制动踏板行程量相对应的制动力值，从而改善驾驶员制动操作时的路感。

制动能量回收控制收到脚制动踏板力信号，经过制动总泵与行程模拟器输入部再进入液压控制部（包括液压泵电机、蓄压器）的液压机构，再经过制动液压调节传递到车轮制动分泵，如果系统发生故障停止时，液压紧急启动，电磁切换阀开启，即又通过电磁阀切换，制动压力传递到车轮制动分泵。

二、本田第四代 IMA 混合动力系统的制动能量回收系统

本田第四代 IMA 混合动力系统应用在 2010 款 Insight 混合动力车上。其制动能量回收系统采用执行器和电控单元组成一体化模块形式，包括 IMA 系统电机控制模块、动力蓄电池监控模块和电机驱动模块。该制动能量回收系统工作过程如下。

IMA 电机在制动、缓慢减速时，通过混合动力整车电控单元发出相应指令使电机转为发电机再生发电工况，通过制动能量回收控制系统以电能形式向动力蓄电池充电。其基本工作过程是当制动时，制动踏板传感器通过 IMA 电控单元激活制动总泵伺服装置，通过动力蓄电池电控单元、能量回收电控单元、电机电控单元等电控单元发出相应指令，使液压机械制动和电机能量回收之间制动力协调均衡以实现最优能量回收效果。第四代 IMA 系统采用了可变制动能量分配比率，比上一代的制动能量回收能力增加 70%。

IMA 电机、动力蓄电池电控单元、能量回收电控单元、电机电控单元等都属于本田第四代 IMA 混合动力系统的"智能动力单元（IPU）"组成部分。它由动力控制单元（PCU）、高性能镍氢蓄电池和制冷系统组成。PCU 是 IPU 的核心部分，控制电机助力（即进入电动工况）。PCU 通过接收节气门传感器输入的开度信号，按照发动机的有关运行参数和动力蓄电池荷电状态等信号决定电能辅助量，并同时决定蓄电池能量回收能力。PCU 主要组成部分有蓄电池监控模块（BCM，用于蓄电池状态检测）、电机控制模块（MCM）、电机驱动模块（MDM）。

综观现有实用化的不同混合动力系统，制动能量回收控制在细节上有所不同。一般都采用电子控制的液压制动与制动能量回收的组合方式，又称电液制动伺服控制系统。

课后练习

一、填空题

（1）能量回收系统又称制动能量回收系统或再生制动，其功能是在_____时将新能源汽车的部分动能转化为电能，并将电能储存在储存装置（如各种蓄电池、超级电容和超高速飞轮）中。

（2）制动能量的回馈量由其控制策略决定，控制策略确定了_____之间的分配关系，确定了储能装置的充电和放电状态，同时也确定了制动过程中能量的回馈量。

（3）电化学储能式制动能量回收系统先将汽车在制动或减速过程中的动能，通过发电机转化为电能并以_____的形式储存在储能器中。

二、判断题

（1）现阶段车载储能装置主要有蓄电池、燃料电池、超级电容以及飞轮等几种，其中使用较多的是蓄电池。　　　　　　　　　　　　　　　　　　　（　　）

（2）飞轮储能是利用高速旋转的飞轮来储存和释放能量。　　　　　（　　）

（3）制动能量回收对于提高电动汽车的能量利用率不具有重要意义。（　　）

任务一

比亚迪秦 DM 电机控制系统检修

 案例导入

一辆 2018 款比亚迪秦 ProDM 混动车，搭载 BYD476ZQA 型发动机，续驶里程为 1 200 km。车主反映，该车无法使用 BSG 电机起动发动机，只能用普通启动电机起动车辆。

比亚迪秦 DM 电机
控制系统检修

知识储备

一、BSG 电机

比亚迪秦 ProDM 增加了 BSG 电机和 BSG 电控系统，如图 7-1 所示。BSG 电机通过皮带与发动机相连，BSG 发电与大电机发电采用并联的方式进行连接。当车速低于 50 km/h 时，采用 BSG 发电；当车速高于 50 km/h 时，采用大发电机发电。

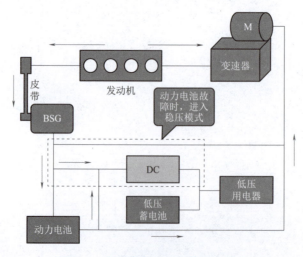

图 7-1 比亚迪秦 ProDM 的 BSG 电机

1. BSG 电机的优点

1）低速平顺性好

相比 2015 款比亚迪秦，增加 BSG 后，低速时大电机只进行动力输出，不进行回馈发电，因此低速的平顺性较好。

2）保持电量的能力增强

低速时，由 BSG 电机进行发电，发电功率为 5 kW，最大可达 7 kW，发电比较稳定，整车电量容易保持。

2. BSG 电机控制系统可实现的功能

1）BSG 系统 P 挡加油发电设定

SOC 条件：小于 90.0% 时，允许；大于等于 91.0% 时，禁止。油门小于等于 70% 时，发电功率为 5 kW，此时发动机转速为 1 100 r/min；油门大于等于 80% 时，发电功率为 7 kW，发动机转速为 1 300 r/min。需要注意的是，P 挡发电受 SOC、电池温度、电池电压、BSG 电机本身等因素影响，当条件不满足时，P 挡加油发电功能将不可用。

2）行车发电设定

当车速小于 50 km/h，SOC 小于等于 -2%（平衡点），使用 BSG 发电，发电功率最大可达 7 kW；当车速大于 50 km/h 时，大发电机开始发电，BSG 电机停止发电。

3）起停发动机

比亚迪秦 ProDM 取消了发动机反拖起动策略，全部使用 BSG 进行起停。若 BSG 系统发生故障，则使用普通启动电机来起动发动机。

4）稳压发电

当动力电池或配电箱出现故障，DC 无法接收到电池的高压电时，系统将启动稳压发电功能，由发动机带动 BSG 电机发电。BSG 电机控制器将交流电转换成高压直流电给 DC供电，DC 降压后给整车低压供电，此时车辆进入跛行模式，限速 60 km/h。

5）协助升降挡

换挡时，BSG 电机将发动机转速快速拖到目标转速，以提升车辆行驶过程中的换挡平顺性。

6）松油门发电

松开油门踏板时，BSG 电机将进行能量回收。

二、驱动电机控制器

1. 功能介绍

驱动电机控制器：控制动力电池与前驱动电机之间能量传输的装置，如图 7-2 所示。主要功能为控制驱动电机，使其与发动机共同驱动车辆行驶，同时包括 CAN 通信、故障处理、在线 CAN 烧写、与其他模块配合完成整车工况要求以及自检等功能。

图 7-2　驱动电机控制器

2. 系统工作原理

驱动电机控制器系统工作原理如图 7-3 所示。

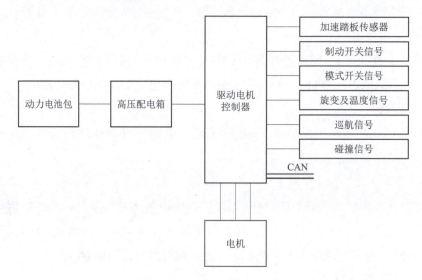

图 7-3　驱动电机控制器系统工作原理

3. 驱动电机控制器功能要求

（1）电机控制：转矩控制、功率控制、能量回馈功能、爬坡助手功能。

（2）整车控制：辅助整车上电/掉电功能、经济模式、运动模式、动力系统防盗功能、巡航功能。

（3）控制功能：车身电子稳定控制系统（ESC）/斜坡起步装置-混合动力电动汽车（Has-Hev）匹配、挡位控制、软件更新功能、状态管理。

（4）安全控制：异常处理功能、刹车优先功能、辅助 BMS 进行烧结检测功能、泄放电功能、卸载功能。

4. 驱动电机控制器的功能

针对双模控制和一键启动这两个比较重要的功能做出说明：根据 BCM 发出的起动开

始指令，电机控制器开始与智能钥匙系统（I-Key）和发动机控制模块（ECM）进行防盗对码，对码成功后防盗解除，电机控制器发出启动允许指令给电池管理系统（BMS），开始进行预充，预充成功后 OK 灯点亮；若预充失败，电机控制器启动，发动机 OK 灯也将点亮。

5. 驱动电机控制器的检查步骤

1）旋变传感器失效检测步骤

（1）检查旋变励磁阻抗。断高压电，拔下低压线束，对照线束定义图，用万用表检查在低压接插件上的相应旋变、励磁阻抗。MG2 SIN+ 与 SIN- 之间阻抗，应为（16±1）Ω；MG2 COS+ 与 COS- 之间阻抗，应为（16±1）Ω；MG2 EXC 与 /EXC 之间电阻值，应为（8±1）Ω。

（2）检查正余旋之间，正余旋和励磁之间，以及旋变信号和壳体之间阻抗是否正常，一般大于 20 MΩ 即正常。如阻抗正常，则进行下一步检查。

（3）检查线束及接插件，检查低压接插件是否内部断路。拔下线束，用万用表测量线束同一信号两端的电阻，应小于 1 Ω。若正常，则更换驱动电机控制器；若异常，则更换连接线束或维修更换接插件。

2）直流母线电压故障检查步骤

（1）检查直流高压接插件。断开维修开关，拔下高压接插件，用万用表测量控制器上高压接插件正极、负极对控制器外壳阻抗，一般大于 20 MΩ。若正常，进行下一步检查；若异常，检查高压电缆。

（2）检查高压输入信号。用万用表检查高压输入端，看是否在 480~500 V 范围内。若正常，驱动电机控制器故障；若小于 480 V，则为外部输入异常，则检查电池系统、预充系统。

3）电机过温保护检查步骤

检查电机温度传感器电阻。断开高压电，拔下低压线束，对照线束定义图检查电机温度信号对机壳电阻，一般为 20 KΩ（环境温度为 60 ℃时）。若正常，则重新接低压接插件上电一次；若还是出现故障码，维修或更换驱动电机控制器；若为无穷大，则为温度传感器故障，应维修或更换。

三、故障诊断与排除

一辆比亚迪秦进店维修，技术人员连接专用诊断仪，在 BSG 系统中读取到 4 个故障码：P180396——BSG 缺 A 相（当前故障）；P180496——GSG 缺 B 相（当前故障）；P180596——BSG 缺 C 相（当前故障）；P180F19——硬件过流（历史故障）。前 3 个故障码无法删除。

通过故障码可以看出，BSG 电机存在缺相故障，将故障点初步锁定在 BSG 电机、BSG 控制器及相关的控制线路。

BSG 电机具有起停、发电等功能，能够起停发动机，并且能够在发动机处于怠速、运行等工况下根据策略要求进行发电，以维持整车电平衡。

BSG 电机控制器是控制 BSG 电机的装置，由输入输出接口电路、驱动电机控制电路和驱动电路组成，主要功能是控制 BSG 电机来给整车发电或起动发动机，同时包括 CAN 通信、故障处理、在线 CAN 烧写、与其他模块配合完成整车的工作要求以及自检等。装配 BSG 电机的好处是发动机起动响应速度快，既可作为启动电机来起动发动机，又能作为发电机为蓄电池进行充电（高压电）。

根据 BSG 电机系统工作原理，并结合故障现象、故障信息，进行下述检测。

（1）检查低压系统的相关插接器的供电、搭铁及网络电压等，未发现异常。

（2）使用诊断仪 VDS1000 扫描全车模块，各系统软件均为最新版本，不需要更新。

（3）读取 BSG 电机数据流发现：BSG 电机的 A、B、C 各相电流均为 0，说明 BSG 电机没有工作；BSG 母线电压为 0，说明没有电压输出。

（4）戴上绝缘手套，断开高压母线，测量高压系统电压为 433 V，说明高压电池包输出电压正常。

（5）查阅有关维修资料发现，BSG 电机在高压系统中有一个熔丝，测量位于前驱动电机控制器与 DC 总成里面的 BSG 电机熔丝之间的电阻，阻值为 0，说明熔丝正常，没有烧蚀。

（6）查阅 BSG 电机控制系统电路图，测量 BSG 电机的正弦、余弦、励磁电阻，均正常；测量 BSG 控制器的供电、搭铁及网线的电压、电阻，均正常。

（7）进一步检查发现，BSG 电机控制器外部螺丝有拆装过的痕迹，拆开 BSG 电机控制器三相母线进行测量时发现，其中一根高压母线的固定螺丝没有拧紧，有跳电烧蚀的痕迹。

询问车主得知，该车之前因前部发生碰撞事故，在外面维修店维修过与 BSG 电机相关的线路，修复后就出现了如前所述的故障现象。由此可以判断，该车故障原因是事故车修复过程中装配不当引起的，中间的高压母线固定螺丝没有拧紧，高压跳电致使 BSG 电机控制器内部元件被损坏。更换 BSG 电机控制器后试车，该车恢复正常，故障彻底排除。

四、维修总结

对于新能源车辆的维修，首先一定要注意操作安全，然后了解车型的基本控制原理，通过查看有关故障码及数据流，可以有效地缩小故障范围，进行快速排查。

任务实施

比亚迪秦 DM 电机控制系统检修	工作任务单	班级： 姓名：
结合所学内容，在以下方框内填入正确的内容		

序号	故障码	故障说明
1	P180396	
2	P180496	
3	P180596	
4	P180F19	
简述驱动电机控制器功能要求		
简述电机过温保护检查步骤		

拓展知识

一、VTOG 电机控制器

1. 双向逆变充放电式电机控制器总成（VTOG）

控制器类型为电压型逆变器，利用 IGBT 将直流电转换为交流电，额定电压为 330 V，主要功能是控制电动机和发电机，根据不同工况控制电机的正反转、功率、转矩、转速等，即控制电机的前进、倒退，维持电动车的正常运转。VTOG 中关键零部件为 IGBT，IGBT 实际为大电容，目的是控制电流的工作，保证能够按照意愿输出、输入合适的电流参数。控制器总成包含上中下三层，上下层为电动机、充电控制单元，中层为水道冷却单元，总成还包括信号接插件（包含 12 V 电源、CAN 线、挡位油门刹车、旋变、电机过温信号线、预充满信号线等）。

控制器主要功能如下。

（1）控制电机正向驱动、反向驱动、正转发电、反转发电。

（2）控制电机的动力输出，同时对电机进行保护。

（3）通过 CAN 与其他控制模块通信，接收并发送相关的信号，间接地控制车上相关系统正常运行。

（4）制动能量回馈控制。

（5）自身内部故障的检测和处理。

（6）可以通过电机控制器直接从充电网对车辆进行交流充电，也可以通过电机控制器把车辆电池包的高压直流电逆变放到充电网上。VTOG 位置如图 7-4 所示，VTOG 接头名称如图 7-5 所示。

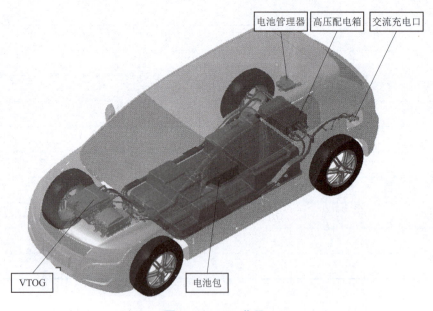

图 7-4　VTOG 位置

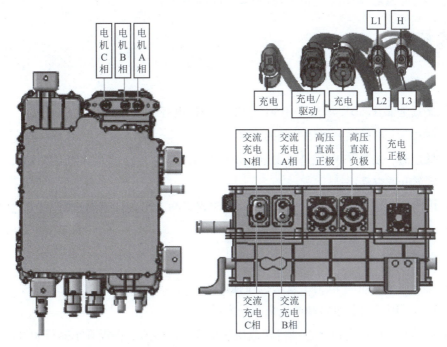

图 7-5　VTOG 接头名称

2. 控制器功能

本电机控制管理系统由高压配电、控制器、驱动电机与发电机及相关的传感器组成，主要功能如下。

（1）具有限制最高输出电压、电流的功能，限制交流侧的最高输出电流，限制直流侧的最高输出电压。

（2）具有控制电机正向驱动、反向驱动、正转发电、反转发电的功能。

（3）具有根据目标转矩进行运转的功能，对接收到的目标转矩具有限幅和平滑处理功能。转矩调整率在±5%。

（4）CAN 通信功能。通过 CAN 总线能接收控制指令和发送电机参数，及时把电机转速、电机电流、旋转方向传给相关 ECU，并接收其他 ECU 传递的信息。

（5）能够根据不同转速和目标转矩进行最优控制功能。

（6）电压跌落保护、过温保护功能。当电机过温、散热器过温、功率器 IPM 过温、电压跌落时发出保护信号，停止控制器运行。

（7）防止电机飞车功能、IPM 保护功能。

（8）具有动力电池充电保护信号应急处理功能。

（9）半坡起步功能、能量回馈功能。

（10）可以通过电机控制器直接从充电网对车辆进行交流充电，也可以通过电机控制器把车辆电池包的高压直流电逆变放到充电网。

（11）车辆之间相互充电（装备有时）功能。比亚迪 e6 同种配置车辆之间可以进行相互充电，电量 SOC 从 10% 充至 100% 所需时间约为 2 h。

 ## 课后练习

一、填空题

（1）比亚迪秦 ProDM 增加了 BSG 电机和 BSG 电控系统。BSG 电机通过_____相连，BSG 发电与大电机发电采用并联的方式进行连接。

（2）低速时，由 BSG 电机进行发电，发电功率为_____，最大可达 7 kW，发电比较稳定，整车电量容易保持。

（3）P 挡发电受_____等因素影响，当条件不满足时，P 挡加油发电功能将不可用。

二、判断题

（1）比亚迪秦 ProDM 取消了发动机反拖起动策略，全部使用 BSG 进行起停。若 BSG 系统发生故障，则使用普通启动电机来起动发动机。　　　　　　　（　　）

（2）换挡时，BSG 电机将发动机转速快速拖到目标转速，以提升车辆行驶过程中的换挡操纵稳定性。　　　　　　　　　　　　　　　　　　　　　（　　）

（3）如果高压母线固定螺丝没有拧紧，高压跳电可以致使 BSG 电机控制器内部元件被损坏。　　　　　　　　　　　　　　　　　　　　　　　　　　（　　）

北汽 EV160 电机控制系统检修

 案例导入

北汽 EV160 电机控制系统检修

　　一辆北汽生产的 EV160 新能源纯电动汽车，整车型号为 BJ7000B3D5-BEV，电机型号为 TZ20S02，电池型号为 29/135/220-80Ah，电池工作电压为 320 V。该车行驶里程为 5 600 km 后，出现无法行驶且仪表报警灯常亮、报警器鸣叫的故障；故障发生时电机有沉闷的"咔、咔"声。作为专业人员，你能完成维修任务吗？

知识储备

一、北汽电机控制系统

　　北汽驱动电机系统由驱动电机（DM）、驱动电机控制器（MCU）构成，通过高低压线束与整车其他系统做电气连接。驱动电机系统是纯电动汽车三大核心部件之一，是车辆行驶的主要执行机构，其特性决定了车辆的主要性能指标，直接影响车辆动力性、经济性和用户驾乘感受。

1. 驱动电机系统工作原理

　　在驱动电机系统中，驱动电机的输出动作主要是执行控制单元给出的命令，即控制器输出命令。如图 7-6 所示，控制器主要是将输入的直流电逆变成电压、频率可调的三相交流电，供给配套的三相交流永磁同步电机使用。

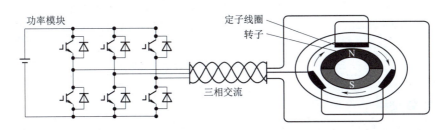

图 7-6　驱动电机控制系统工作原理

　　电机控制器（MCU）由逆变器和控制器两部分组成。驱动电机控制器采用三相两电平电压源型逆变器。逆变器负责将动力电池输送的直流电电能逆变成三相交流电给汽车驱动电机提供电源；控制器接收驱动电机和其他部件的信号反馈到仪表，当发生制动或者加速行为时，它能控制变频器频率的升降，从而达到加速或减速的目的。

电机控制器是依靠内置旋转变压器、温度传感器、电流传感器、电压传感器等来提供电机的工作状态信息，并将驱动电机运行状态信息实时发送给整车控制模块（VCU）。驱动电机系统的控制中心，又称智能功率模块，以绝缘栅双极型晶体管模块（IGBT）为核心，辅以驱动集成电路、主控集成电路，对所有的输入信号进行处理，并将驱动电机控制系统的运行状态信息通过 CAN 2.0 网络发送给整车控制器，同时也会储存故障码和数据。

2. 驱动电机关键部件结构及其工作原理

驱动电机内部安装了一些传感器，驱动电动机采用永磁同步电机，是动力系统的重要执行机构，是电能与机械能转化的部件，且自身的运行状态等信息可以被采集到驱动电机控制器。驱动电动机主要零件由油封、前端盖及吊环、定子组件、转子组件、后端盖、接线盒组件、接线盒盖、旋变盖板、悬置支架等部件组成。

这些传感器包括：用以检测电机转子位置的旋转变压器；解码后可以获知电机转速的控制器；用以检测驱动电机绕组温度（温度信息被提供给电机控制器，再由电机控制器通过 CAN 线传给整车控制器，进而控制水泵工作、水路循环、冷却电子扇工作）、调节驱动电机工作温度的温度传感器。

3. 旋转变压器工作原理

旋转变压器又称解析器，安装在驱动电机上，用来测量旋转物体的转轴角位移和角速度，能够检测电机的位置、转速和方向，通过脉冲磁场计数可以获知电机转子转速，从而控制车速。旋转变压器的传感器线圈由励磁、正弦和余弦三组线圈组成，输入、输出线圈及相关波形如图 7-7 所示。

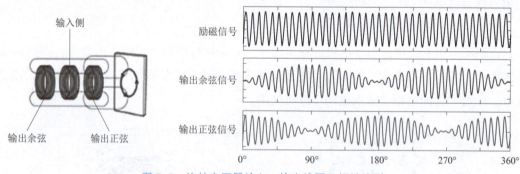

图 7-7　旋转变压器输入、输出线圈及相关波形

二、检修过程

参照北汽新能源 EV160 纯电动汽车电机控制器（MCU）的电路图，如图 7-8 所示，对照实物图，识别电机与电机控制器对应的连接插头，按照以下步骤进行故障检修。

1. 读取故障码

连接解码仪，读取故障码为 P116016，表示 MCU TGBT 驱动电路过流故障（A 相/U 相）。诊断仪器没有明确的故障点或故障原因的指引，现需进一步检修以确认故障原因。

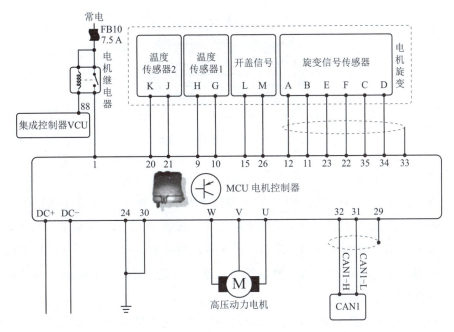

图 7-8　EV160 纯电动汽车电机控制器（MCU）电路图

2. 检测高压系统

断掉蓄电池负极并用电工胶布将其金属部分缠绕，避免接触车身，然后切断设置在车内手套箱位置的高压保险。5 min 后，拆卸连接动力电池到高压盒之间的高压电缆，使用万用表测量高压电池来电情况，测量结果显示 0.1 V，高压系统成功下电。

3. 检测电机控制器

在高压系统断电后，使用万用表、兆欧表对电机控制器 MCU 进行测量并将结果与标准值对比，测量结果正常。

4. 测量 MCU 电源保险 FB10

汽车前舱部分找出保险与继电器盒，检查 MCU 电源保险 FB10，测量保险丝电阻值，正常值小于 1 Ω，测量值为 0.2 Ω，测量结果正常。

5. 检测电源继电器

测量 MCU 电源继电器线圈端子 2 个插脚之间的电阻值，正常值为 133 Ω 左右，测量值为 92 Ω，测量结果正常。测量电源继电器开关端子的导通性，将电源继电器线圈端子 2 个插脚分别接蓄电池正负极，万用表调节到 200 Ω 电阻挡，测量继电器 2 个开关端子是否导通，测量值为 0.1 Ω，正常值为小于 1 Ω，测量结果正常。

6. 测量 MCU 低压控制插头

用探针插入 MCU 低压插件 T3（见图 7-9）的 1 脚，测量 1 脚电压。正常值为 12 V 左右，测量值为 12.4 V，测量结果正常。

图 7-9　MCU 低压插件 T3

7. 测量旋转变压器各个绕组阻值及其波形

（1）使用万用表电阻挡测量 MCU 低压插件 T35 的 22 端子、23 端子的电阻值，正常值为 50~70 Ω，测量值为 52.2 Ω，测量结果正常；测量 34 端子、35 端子的电阻值，正常值为 50~70 Ω，测量值为 50.3 Ω，测量结果正常；测量 11 端子、12 端子的电阻值，正常值为 20~40 Ω，测量值为 20.8 Ω，测量结果正常。因此，可以判定旋转变压器励磁、正弦和余弦 3 组线圈阻值正常。

（2）用万用表电阻挡测量驱动电机旋变插件 T19b（见图 7-10）的 A 端子与 MCU 低压插件 T35 的 12 端子、B 端子与 11 端子、E 端子与 23 端子、F 端子与 22 端子、C 端子与 35 端子、D 端子与 34 端子的电阻值，正常值为 0.2~0.5 Ω，测量值为 0.37 Ω 左右，测量结果正常。

图 7-10　驱动电机旋变插件 T19b

（3）使用示波器通过驱动电机旋变插件 T19b 测量旋转变压器各个绕组波形，发现 A 端子与 B 端子、C 端子与 D 端子之间可以调取波形并且经过频率调整后，其波形符合维修手册中所示标准波形，但是，E 端子与 F 端子之间无法调取波形。

（4）使用万用表电阻挡测量 E 端子与车身搭铁之间的电阻值，结果为 0.96 Ω。据此可推断是线束对地搭铁。

由于旋转变压器的线束 E 端子与车身搭铁短路（即对地短路），导致旋变工作不正常，电机控制器 MCU 无法启动电机，因此总是有启动趋势但车辆始终无法运转前行并伴随有沉闷的电机启动声音。征得厂家同意更换低压线束后试车，车辆运转正常。连接解码仪，删除历史故障码，再次读取故障码，仪器显示没有故障码，证明故障排除。

三、维修总结

对于新能源纯电动汽车故障检修，要先了解整个三电系统（电池、电机、电控系统）的电气和机械连接关系及其工作原理。在故障排除过程中，根据故障现象和故障码显示确定故障的大致范围，按照线路或实物图形，识别电机与电机控制器对应的每一个连接插头，始终向着使驱动电机正常运转的目标，进行综合分析、逐步排查并结合换件验证进行检修。这样就可以比较快速地找到故障点并将其排除，使车辆恢复正常使用性能。

 任务实施

北汽 EV160 电机控制系统检修	工作任务单	班级： 姓名：
结合所学内容，在以下方框内填入正确的内容		
故障码		故障说明
P116016		
简述旋转变压器工作原理		
简述测量旋转变压器各个绕组阻值及其波形的过程		

拓展知识

电流互感器是依据电磁感应原理将一次侧大电流转换成二次侧小电流来测量的仪器，电流互感器是由闭合的铁芯和绕组组成。

一、电流互感器的主要技术名词和技术规范

1. 额定电流比

额定电流比是指一次额定电流与二次额定电流之比。

2. 准确度等级

由于电流互感器存在一定的误差，因此需根据其允许误差划分出不同的准确度等级。电流互感器的准确度等级分为 0.001~1 多个级别，能够适应多种不同的应用场合。用于发电厂、变电站、用电单位配电控制盘上的电气仪表一般采用 0.5 级或 0.2 级；用于设备、线路的继电保护一般不低于 1 级；用于电能计量时，依据被测负荷容量或用电量多少参考规程要求来选择。

3. 额定容量

额定容量是指额定二次电流通过额定二次负载时所消耗的视在功率，也可以用二次额定负荷阻抗表示。

4. 额定电压

电流互感器的额定电压是指一次线圈长期对地所能承受的最大电压，其有效值应不低于所接线路的额定相电压。电流互感器的额定电压分为 0.5 kV，3 kV，6 kV，10 kV，35 kV，110 kV，220 kV，330 kV，500 kV 等多种电压等级。

5. 极性标志

一次线圈出线端的首端标为 L1，末端为 L2。当多量限一次线圈带有抽头时，首端标为 L1，末端为 L2，L3，…，以此类推；二次线圈出线端，首端标为 K1，末端为 K2。当二次线圈带有中间抽头时，首端标为 K1，自第一个抽头起依次为 K2，K3，…，以此类推；对于具有多个二次线圈的电流互感器，应分别在各二次线圈的出线端标志"K"前加注数字。由于供电线路与用电线路中电流电压的大小相差悬殊，从几安到几万安都有，为便于二次仪表测量，需要转换为比较统一的电流。此外，线路上的电压一般都比较高，如果直接测量是非常危险的，电流互感器可以起到隔离的作用。

由于电流互感器的显示仪表大部分是指针式的电流表，因此电流互感器的二次电流大多数是安级的（如 5 A 等）。而现在的电流测量大多采用数字化，计算机的采样信号一般为毫安级（0~5 V、4~20 mA 等）。因此微型电流互感器的二次电流为毫安级，主要起到大互感器与采样之间的桥梁作用。微型电流互感器又称"仪用电流互感器"，见表 7-1。

表 7-1 电流互感器准确度各级别误差列表

电流互感器的准确度级别	额定电流百分数（%）	允许误差	
		0.01 变比误差 γ（%）	相角误差 δ（%）
0.01	10~120	±0.01	±0.3
0.02	10~120	±0.02	±0.6
0.05	10~120	±0.05	±2
0.1	50	±0.15	±7
	100~120	±0.1	±5
0.2	50	±0.65	±13
	100~120	±0.20	±10
0.5	50	±0.65	±40
	100~120	±0.5	±30
1	50	±1.3	±80
	100~120	±1.0	±60

二、传统的电流传感器

传统的电流传感器就是指电流互感器，电流互感器获取的电流信号可以直接通过电流表显示出来，也可以接入控制、保护设备里，用来控制设备的运行状态。现有的检测和测量电流所使用的互感器，是由一个封闭的铁芯和缠绕在铁芯上的初级线圈及次级线圈组成，其原理和结构与一般的小型变压器相同，如图 7-11 所示。

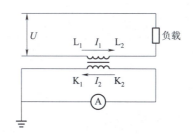

图 7-11 传统的电流传感器原理图

 课后练习

一、填空题

（1）控制器主要是将输入的直流电逆变成_____的三相交流电，供给配套的三相交流永磁同步电机使用。

（2）驱动电机系统的控制中心，又称智能功率模块，以_____为核心，辅以驱动集成电路、主控集成电路，对所有的输入信号进行处理，并将驱动电机控制系统运行状态的信息通过 CAN 2.0 网络发送给整车控制器。

（3）旋转变压器又称解析器，安装在驱动电机上，用来测量_____，能够检测电机的位置、转速和方向。

二、判断题

（1）断掉蓄电池负极后，应该用电工胶布将其金属部分缠绕，避免接触车身。
（   ）

（2）旋转变压器的线束端子 E 与车身搭铁短路（即对地短路），导致旋变工作不正常，电机控制器 MCU 可以启动电机。（   ）

（3）在驱动电机系统中，驱动电机的输出动作主要是执行控制单元给出的命令，即控制器输出命令。（   ）

奇瑞瑞虎 3xe 电机控制系统检测

 案例导入

一辆奇瑞生产的瑞虎 3xe 新能源纯电动汽车的驱动电机控制系统出现故障。作为专业人员，你能完成维修任务吗？

奇瑞瑞虎 3XE 电机
控制系统检测

 知识储备

一、奇瑞驱动电机及电机控制器

奇瑞瑞虎 3xe 纯电动汽车采用的驱动电机为三相永磁同步电机，用作纯电动轿车的驱动，安装在前舱位置，如图 7-12 所示。此类电机具有结构简单、体积小、重量轻、效率高等特点；在控制器的控制下，电机能在宽广的速度范围内工作，以满足纯电动轿车的运行工况；电机内置一个旋转变压器，用于检测转子的转速和位置，以实现对电机的矢量控制；电机冷却方式为液冷结构。电驱动系统结构如图 7-13 所示。其中，J69-2103010 驱动电机总成必须匹配 J60-2142010 电机控制器。

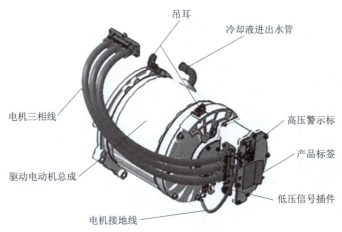

图 7-12 J69-2103010 驱动电机的结构

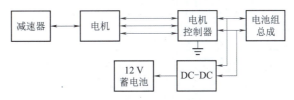

图 7-13 电驱动系统结构

二、电机控制器

电机控制器的结构如图 7-14 所示，其主要功能如下。

（1）控制电机运行在电动模式或发电模式。

（2）驱动电机系统的转矩控制功能。

（3）过温、过流、过压等保护功能。

（4）CAN 通信和诊断功能。

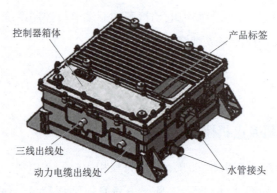

控制器箱体　　产品标签　　三线出线处　　动力电缆出线处　　水管接头

图 7-14　电机控制器的结构

三、电机控制器引脚定义

电机信号插接件引脚定义见表 7-2，MCU 低压插接件引脚定义见表 7-3。

表 7-2　电机信号插接件引脚定义

	引脚	功能	引脚	功能
	A	旋变 EXTP_R1	E	旋变 EXTP_S2
	B	旋变 EXTP_R2	F	旋变 EXTP_S4
	C	旋变 EXTP_S1	G	电机温度传感器 TEMP_1
	D	旋变 EXTP_S3	H	电机温度传感器 TEMP_1

表 7-3 MCU 低压插接件引脚定义

引脚	功能	信号类型
9	EXTP_S2	旋变正弦+
10	EXTP_S4	旋变正弦-
11	NC	NC
12	CAN_GND	CAN 地
13	HV_INTERLOCK+	高压互锁
15	KL30	常 12 V
16	EXTP_S1	旋变余弦+
17	EXTP_S3	旋变余弦-
18	VMS_INVERTER_ENABLE	VMS 使能
19	KL15	钥匙信号
20	NC	NC
21	KL31	12 V 地
22	NC	NC
23	KL31	12 V 地

引脚	功能	信号类型
1	EXTP_R1	旋变励磁+
2	EXTP_R2	旋变励磁-
3	EXTAN_MOTOR_TEMP_1	温度
4	EXTGND_MOTOR_TEMP_1	温度
5	CANshield	CAN 屏蔽
6	CANL	CAN 通信
7	CANH	CAN 通信
8	KL30	常 12 V

四、故障检测

1. 电机缺相的检测方法

电机缺相是由于电机内部发生了某一相或两相由于某种原因不通电或者电阻值较大的现象。其主要原因可能为电机内某相烧毁、电缆与电机内部绕线断开连接或电缆接头由于未打紧发生烧蚀。电机缺相的检测过程如下。

（1）如图 7-15 所示，打开控制器小盖板（盖板下一共有 11 个 M5 螺栓），检查电机电缆接头有无烧蚀现象（此故障多由接头在安装时未打紧引起的），维修后一定把图中电缆接头紧固到位。

（2）检查缺相，利用万用表分别检测电机的 A 相与 B 相之间、B 相与 C 相之间、A 相与 C 相之间的电阻来判断是否发生缺相，如果 AB，BC，AC 相互之间的电阻差值大于 0.5 Ω 即判定为电机缺相，应更换电机。

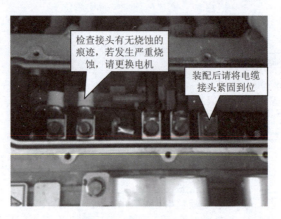

图 7-15　检查电机电缆

> **注意**：将维修开关拔掉，打开电机控制器小盖板，将 U、V、W 三相线螺栓松开（M8 螺栓），将万用表打至最小单位刻度挡，测量相间的阻值。

2. 电机位置传感器信号的静态测试方法

电机位置传感器负责监控电机转子位置，为电机控制提供位置信号。电机位置传感器采用旋转变压器结构。可能出现故障模式为内部发生短路或者断路。电机尾端信号线插件引脚定义见表 7-4。A~F 引脚为旋变信号，G、H 引脚为温度信号，测量电阻值时应 A~B 一组，C~D 一组，E~F 一组，G~H 一组。测试参数见表 7-5。

表 7-4　电机尾端信号线插件引脚定义

引脚	功能	
A	旋变 EXTP_R1	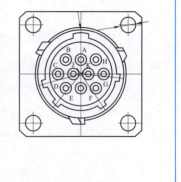
B	旋变 EXTP_R2	
C	旋变 EXTP_S1	
D	旋变 EXTP_S3	
E	旋变 EXTP_S2	
F	旋变 EXTP_S4	
G	电机温度传感器 TEMP_1	
H	电机温度传感器 TEMP_1	

表 7-5　测试参数

测试项目	引脚	标准	
R1R2 激励回路	A、B	17±1.7 Ω	
S1S3 余弦回路	C、D	46±4.6 Ω	
S2S4 正弦回路	E、F	50±5.0 Ω	
温度传感器	G、H	详见参数表（此处不作说明）	

3. MCU 低压插件信号的检测方法

（1）首先从控制器上拔下低压插件，检查线束端插件各引脚有无退针现象，如发现引脚退针请打开插件维修或更换该插件。

（2）使用万用表检测插件各引脚信号，测试参考值见表 7-6。注意：使用万用表测试时，不能直接将表针插入低压插件引脚中测试，以免使引脚出现退针现象，需对表针做延长加细处理，然后再进行测试，同时保证无液体流入或溅入低压插件内部。

表 7-6　线束插件各引脚信号检测方法及参考值

检测项目	测试引脚（万用表正极表笔）	相对引脚（万用表负极表笔）	万用表挡位	测试条件	测试参考值
旋变传感器信号	1	2	电阻挡	整车钥匙 OFF 挡	（17±1.7）Ω
旋变传感器信号	2	1	电阻挡	整车钥匙 OFF 挡	（17±1.7）Ω
电机温度传感器检测	3	4	电阻挡	整车钥匙 OFF 挡	见电机温度传感器阻值表
电机温度传感器检测	4	3	电阻挡	整车钥匙 OFF 挡	见电机温度传感器阻值表
CAN 屏蔽					
CAN 终端电阻检测	6	7	电阻挡	整车钥匙 OFF 挡	（120±5）Ω
CAN 终端电阻检测	7	6	电阻挡	整车钥匙 OFF 挡	（120±5）Ω
KL30 电源检测	8	21 或 23	直流电压挡	整车钥匙 OFF 挡	（9~16）V
旋变传感器信号	9	10	电阻挡	整车钥匙 OFF 挡	（50±5）Ω
旋变传感器信号	10	9	电阻挡	整车钥匙 OFF 挡	（50±5）Ω
NC	11	NC	NC	NC	NC
屏蔽（地）信号	12	21 或 23	电阻挡	整车钥匙 OFF 挡	0 Ω
环路互锁信号 1	—				

续表

检测项目	测试引脚 （万用表 正极表笔）	相对引脚 （万用表 负极表笔）	万用表挡位	测试条件	测试参考值
环路互锁信号 1	—				
KL30 电源检测	15	21 或 23	直流电压挡	整车钥匙 ON 挡	9~16 V
旋变传感器信号	16	17	电阻挡	整车钥匙 OFF 挡	(46±4.6) Ω
旋变传感器信号	17	16	电阻挡	整车钥匙 OFF 挡	(46±4.6) Ω
VMS 使能信号检测	18	21 或 23	直流电压挡	整车钥匙点火	9~16 V
EXTID_KL15	19	12 V 蓄电池负极	直流电压挡	整车钥匙 ON 挡	9~16 V
NC	20	NC	NC	NC	NC
kL30 电源检测	21	8 或 15	直流电压挡	整车钥匙 ON 挡	−9~−16 V
NC	22	NC	NC	NC	NC
KL30 电源检测	23	8 或 15	直流电压挡	整车钥匙 ON 挡	−9~−16 V

4. 电驱系统绝缘故障的检测方法

1）测试说明

测试时，先将整车钥匙取下或置于 OFF 挡，拔掉高压维修开关（在副仪表板换挡机构下面），确认母线电压低于 5 V 后，拔掉电机控制器端信号线插件。

2）绝缘检测

驱动电机绝缘故障常因为电机内部进水，或者是电机的绝缘层受热失效，或绕组某处烧蚀对地短接；电机控制器绝缘故障常因为控制器内部进水，或者是爬电距离变小。电驱系统绝缘故障检测步骤如下。

（1）调整好绝缘检测表，选择测试电压为 1 000 V 挡。

（2）当电驱系统发生绝缘故障时，常会引起控制器报模块故障，或者是整车绝缘故障。检查电驱系统绝缘故障时应将电机系统从整车上脱离（将高压配电盒到 MCU 的动力电缆插件拔出，确保电驱系统从整车上分离），分别对电机系统的正负对地用绝缘表进行测试，绝缘表测试电压 1 000 V 时的绝缘情况，要求测试时电机温度接近常温，测试结果阻值应大于 20 MΩ。若低于此值，则需进一步判定是电机的问题还是控制器的问题。

（3）打开控制器小盖板，将三相线螺栓拆掉，将线与安装底座脱开，单独对电机控制器进行绝缘测试（见图 7-16），如果测试结果阻值低于 20 MΩ，判定为控制器损坏，请更换控制器。

（4）若控制器绝缘阻值大于 20 MΩ，则需对电机单体进行绝缘测试：红笔连接电机三相端子，黑笔连接电机壳体，若测试结果小于 20 MΩ，则更换电机；否则，认为电机绝缘正常。

按电阻表此两处之一
按钮进行测试

图 7-16 电机控制器的测试

任务实施

奇瑞瑞虎 3xe 电机控制系统检测	工作任务单	班级：
		姓名：
简述电机缺相的检测方法		
简述 MCU 低压插件信号检测方法		
简述电驱系统绝缘故障检查步骤		

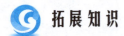 拓展知识

认识轮边电机

一、轮毂/轮边电机概述

轮毂/轮边电机的主要结构特征是将驱动电机直接安装在驱动轮内（轮毂）或驱动轮附近（轮边），轮毂/轮边电机的驱动方式主要有直接驱动和减速驱动两种基本形式，这取决于是采用低速外转子还是高速内转子电动机，轮毂/轮边电机如图7-17所示。

图 7-17　轮毂/轮边电机

直接驱动方式采用低速外转子电动机，电动轮与车轮组成一个完整部件，电机安装在车轮内部，没有减速装置，直接驱动车轮带动汽车行驶，电机转速一般为 1 000~1 500 r/min，这种电机称为轮毂电机。其主要优点是电机体积小、质量小和成本低，系统传动效率高，结构紧凑，既有利于整车结构布置和车身设计，也便于改型设计。这种电动轮直接将外转子安装在车轮的轮辋上驱动车轮转动。然而电动汽车在起步时需要较大的转矩，这就要求安装在直接驱动型电动轮中的电动机必须能在低速时提供大转矩。为了使汽车能够有较好的动力性，电动机还必须具有很宽的转矩和转速调节范围。由于电机工作产生一定的冲击和振动，要求车轮轮辋和车轮支承必须坚固、可靠，同时由于非簧载质量大，要保证车辆的舒适性，要求对悬架系统中弹性元减速驱动方式采用高速内转子电动机，电动机安装在电动轮附近，通过减速机构与电动轮相连，这种电机称为轮边电机。这种驱动方式允许电动机在高速下运行，通常电动机的最高转速设计在 4 000~20 000 r/min，其目的是能够获得较高的比功率，而对电动机的其他性能没有特殊要求，减速机构布置在电动机和车轮之间，起到减速和增矩的作用，从而保证电动汽车在低速时能够获得足够大的转矩。电机输出轴通过减速机构与车轮驱动轴连接，使电机轴承不直接承受车轮与路面的载荷作用，改善了轴承的工作条件；采用固定速比行星齿轮减速器，使系统具有较大的调速范围和输出转矩，充分发挥驱动电机的调速特性，消除了电机输出转矩和功率受到车轮尺寸的影响。设计中首先应考虑解决齿轮的工作噪声和润滑问题，其次其非簧载质量也比直接驱动式电动轮电驱动系统的大，对电机及系统内部的结构方案设计要求更高。

二、轮毂/轮边电机工作原理

与单电机集中驱动电动汽车相比，轮毂/轮边驱动电机系统的主要特点在于将总动力分布到多个安装在轮毂的电机中，用电动轮驱动电动汽车行驶。每个轮毂中的电机独立驱动、控制方便、分布灵活。永磁轮毂/轮边电机是一种特殊结构的永磁同步电机，基本原理与永磁同步电机相同，其主要功能是根据汽车运行工况和负载要求，由控制器提供控制信号，通过功率变换器分配给每个轮毂/轮边电机所需的电压和电流，以控制各电机的运行状态，实施能量变换，即将汽车动力源提供的电能转换为机械能，或将电动轮上的动能转换为电能实现能量反馈。

当电动汽车在恒速、加速或上坡运行时，动力蓄电池向功率变换器输送直流电，功率变换器根据控制器发出的控制信号将直流电分别转换成四个电机所需的电压和电流，以控制电机的转速和转矩，满足车辆的运行要求。此时电机运行于电动状态。

当电动汽车在滑行减速或下坡时，若电动汽车在惯性力克服车轮与地面摩擦力以及空气阻力后，系统还有足够的动力带动电机旋转，电机感应电动势大于电源的外电压，车轮剩余的动能或势能可转化为电能，通过功率变换器回馈给电源，实现能量回馈，达到节能和提高续驶里程的目的。此时电机运行于回馈制动状态。

当电动汽车在制动停车时，由功率变换器供电给各电机产生与电动轮运行方向相反的电磁转矩，启动电磁制动功能。较好的电磁制动能力可减小机械制动的运行频率，避免机械制动固有的热衰退现象，提高机械制动器的使用寿命，同时提高了车辆安全行驶性。在频繁制动与启动的工况中，制动能量约占总驱动能量的50%。据统计，通过能量回馈可以有效降低能耗，使电动汽车一次充电后的行驶里程延长10%～30%。因此，在电动汽车电池能量不足的情况下，提高轮毂/轮边电机驱动总成的制动能量回馈效率显得极为重要。

三、多相电机概述

1. 多相电机的分类

与三相电机类似，根据运行原理不同，多相电机可以分为多相感应电机和多相同步电机两大类。多相感应电机的转子绕组可以是笼型或绕线型，目前多为笼型多相感应电机；多相同步电机按照转子上励磁方式的不同，可以分为多相电励

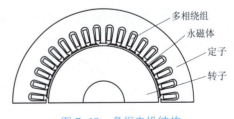

图 7-18　多相电机结构

磁同步电机、多相永磁同步电机等，多相电机结构如图7-18所示。

2. 多相电机变频调速系统的特点

对于由多相逆变器驱动多相电机所构成的调速系统，因相数可变，增加了设计和控制自由度，能较好地实现电机本体与逆变器的最优匹配，充分发挥调速系统的整体性能和可靠性。因此，相比于三相电机调速系统，除了具有三相电机调速特性外，还有以下特点。

1）实现低压大功率传动

在供电电压受限制的场合，采用多相电机调速系统是实现大功率的有效途径。通过增加相数分摊电流和功率，降低了功率开关器件的电流和电压等级，同时也可以避免功率器件并联使用带来的动态和静态均流问题，提高了系统的可靠性。

2）提高调速系统的整体性能

多相电机相数增大，使电机的谐波次数增大，幅值下降，有效地减小了电机的转矩脉动、噪声和振动并改善低速运行性能。另外，多相电机由于谐波幅值小，一般情况下不采用短距和分布绕组，故绕组系数大，使产生同样转矩的基波电流减小，定子的铜耗降低。

3）容错能力更强，可靠性高

由于相数多，当有一相甚至几相出现故障时，电机仍然能够正常启动并降低运行功率，采用适时适当的控制策略甚至可以维持较高的运行性能。

4）更多的控制自由度

随着相数的增加，电压空间矢量的个数成指数增加，为电压型逆变器的空间矢量脉宽调制控制等先进控制策略提供了充足的控制资源。例如，多相电机的直接转矩控制性能比三相电机有较大的提高。

尽管多相电机及其调速系统具有诸多优点，但与三相电机调速系统相比，在通用场合的应用中并没有多大优势，三相电机调速仍然占据主流地位。原因是随着相数的增加，电机结构变得更复杂，成本增加；每相一般至少需采用一个桥臂进行驱动，功率开关器件的数量成倍增加，成本较高。因此，多相电机适合应用在大功率或可靠性要求高的场合。

 课后练习

一、填空题

（1）电机缺相是由于电机内部发生了某一相或两相由于某种原因_____较大的现象。

（2）电机位置传感器负责监控电机转子位置，为电机控制提供位置信号。电机位置传感器采用_____结构。

（3）驱动电机绝缘故障常因为_____，或者是电机的绝缘层受热失效，或者是绕组某处烧蚀对地短接。

二、判断题

（1）若控制器绝缘阻值大于 20 MΩ，则需对电机单体进行绝缘测试。　　　（　　）

（2）绝缘测试时，先将整车钥匙取下或置于 OFF 挡，拔掉高压维修开关（在副仪表板换挡机构下面），确认母线电压低于 10 V 后，拔掉电机控制器端信号线插件。（　　）

（3）打开控制器小盖板，将三相线螺栓拆掉，将线与安装底座脱开，单独对电机控制器进行绝缘测试。　　　（　　）

項目八 | 驱动电机减速机构结构原理与维修保养

任务一

驱动电机减速机构结构与原理

案例导入

某客户新买了一辆比亚迪秦轿车，但该客户缺乏对该车辆的了解，作为专业人员，你需要从驱动电机减速机构原理、维修、保养等方面为客户进行讲解。

驱动电机减速机构
结构与原理

知识储备

一、减速器功能

减速器介于驱动电机和驱动半轴之间，驱动电机的动力输出轴通过花键直接与减速器输入轴齿轮连接。一方面减速器将驱动电机的动力传给驱动半轴，起到降低转速增大转矩作用；另一方面满足汽车转弯及在不平路面上行驶时，左右驱动轮以不同的转速旋转，保证车辆的平稳运行。

电动机的转矩—转速特性非常适合汽车驱动的需求，纯电动模式下，汽车的驱动系统不再需要多挡位的变速器，驱动系统结构得以大幅简化。

二、减速器的参数

以吉利 EV450 电动汽车为例，减速器的技术参数见表 8-1。减速器装在前机舱，动力总成支架下方和驱动电机连接在一起，如图 8-1 所示。图 8-2 为减速器实物图。

表 8-1　吉利 EV450 电动汽车减速器技术参数

项目	参数	单位
转矩容量	300	N·m
转速范围	≤14 000	r/min

续表

项目	参数	单位
减速器速比	8.28:1	—
减速器油牌号	Dexron IV	—
减速器油量	1.7±0.1	L
润滑方式	飞溅润滑	—
减速器最高输出转矩	2 500	N·m
效率	>95%	—

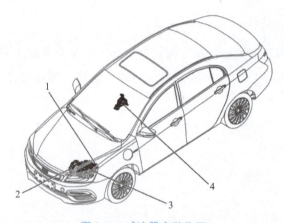

图8-1　减速器安装位置

1—减速器控制器；2—减速器；3—驻车电机；4—变速杆

图8-2　减速器实物

三、减速器的工作原理

减速器动力传动机械部分是依靠两级齿轮副来实现减速增扭。其按功用和位置分为 7 个组件，如图 8-3 所示。

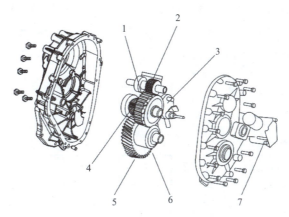

图 8-3　吉利 EV450 减速器爆炸图

1—中间轴输入齿轮；2—输入轴齿轮；3—驻车棘爪；4—中间轴输出齿轮；

5—输出轴齿轮；6—差速器；7—驻车电机

该车采用单速比减速器，只有 1 个前进挡、1 个倒车挡、1 个空挡和 1 个驻车挡。当车辆处在驻车挡时减速器会通过一套锁止装置，锁止减速器。减速器动力传递路线如图 8-4 所示。

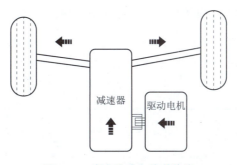

图 8-4　减速器动力传递路线

四、减速器控制

1. 换挡过程

驾驶人操作电子换挡器进入 P 挡，电子换挡器将驻车请求信号发送到整车控制器（VCU），VCU 结合当前驱动电机转速及轮速情况判断是否符合驻车条件。当符合条件时，VCU 发送驻车指令到自动变速箱控制单元（transmisson control unit，TCU），TCU 根据驻车条件判断是否进行驻车，TCU 控制驻车电机进入 P 挡，锁止减速器。驻车完成后 TCU 将收到减速器发出的 P 挡位置信号，并将此信号反馈给 VCU，完成换挡过程。

2. 驻车控制

驾驶人操作电子换挡器退出 P 挡，电子换挡器将解除驻车请求信号发送给 VCU，VCU 结合当前驱动电机转速及车轮转速情况判断是否满足解除驻车条件。当符合条件时，VCU 发送解除驻车指令到 TCU，TCU 根据解锁条件判断是否进行解锁，TCU 控制电机解除 P 挡锁止减速器。解除驻车完成后，TCU 将收到减速器发出的挡位位置信号，并将此信号反馈给 VCU，完成换挡过程，如图 8-5 所示。

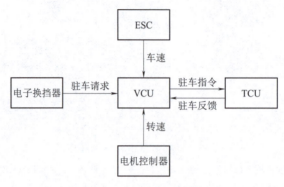

图 8-5　驻车控制流程图

3. 换挡电动机

驻车电机有一个编码器，输出 4 位代码用来确定驻车电机位置。TCU 接口通过汽车 CAN 总线接收来自其他车辆系统的信息（驱动电机转速、车速、停车请求等）。TCU 接收相关的换挡条件和换挡请求，直接控制驻车电机驱动棘爪扣入或松开棘轮，达到驻车或解除驻车功能。

 任务实施

驱动电机减速机构结构与原理	工作任务单	班级：
		姓名：
结合所学内容，解释以下术语		
序号	术语	定义
1	减速器	
2	减速器速比	
3	VCU	
4	TCU	
5	ESC	
写出下图的名称和工作原理		

序号	图形	名称	工作原理
1	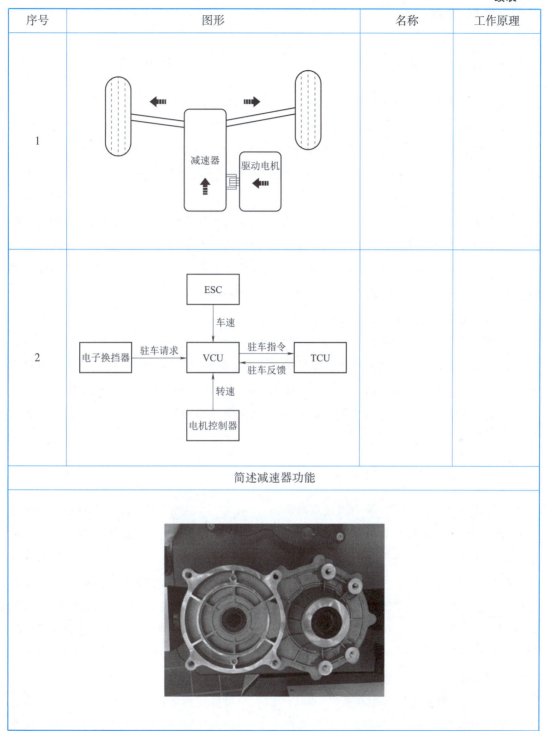		
2			
简述减速器功能			

拓展知识

一、混动变速器

混动变速器能将发动机与驱动电机的动力以一定的方式耦合在一起并能实现变速、变扭的传动系统。混动变速器通常可分为专用混动变速器和基于传统变速器集成混动单元（驱动电机及相应的控制系统）的改进型混动变速器。典型的专用混合动力变速器有丰田的 THS 系统、上汽的 EDU I / II 系统等；改进型混动变速器有比亚迪 DM II / III 系统、大众的 DQ400e（P2-DCT）系统等。

在混动系统中，驱动电机的工作方式极为灵活：可以单独驱动车辆，实现纯电行驶；可作为发动机的起动装置，辅助发动机起动；可为发动机提供助力，提高车辆的加速能力；可在与发动机共同驱动车辆时，通过调整发动机的转矩负荷改善发动机的燃油经济性；还可以作为能量回馈装置，回收车辆减速中的制动能量等。

混动变速器通过发动机、电机以不同的动力耦合方式，可实现多种混动功能，如纯电驱动、串联驱动（双电机系统）、并联驱动、混联驱动（双电机系统）、发动机驱动充电、能量回收、怠速充电等。通过高效的能量管理技术，混动系统可使发动机更长时间维持在高效区间运转，从而节省燃油。而插电式混动系统在发动机的起停时机、能量管理等方面还可以更加灵活，对油、电的使用更加合理，从而达到效率更高、综合用车成本更低的目标。

二、湿式双离合器原理介绍

用油液冷却的离合器，称为湿式双离合器（wet dual clutch，WDC）。其冷却油不对摩擦片起保护作用，而使动力传递平滑柔和，其优点是使用寿命长，一般不会发生故障，除非违反操作规程，经常使离合器处于半离合状态工作。

6 速双离合器变速器（dual clutch transmission，DCT）采用"湿式"双离合器，双离合器为一大一小 2 组同轴安装在一起的多片式离合器，分别连接 1，3，5 挡和倒挡以及 2，4，6 挡齿轮。"湿式"是指双离合器安装于一个充满液压油的封闭油腔里。这种"湿式"结构具有更好的调节能力和优异的热容性，因此能够传递比较大的转矩。6 速 DCT 可匹配最大转矩 350 N·m 的发动机。

6 速湿式双离合器均应用在功率 160 匹[①]以上、最低转矩 250 N·m 的车型上，而 6 速干式双离合器则应用在马力 150 匹、最高转矩 240 N·m 的车型上，其实最主要的原因是它们的承载转矩上限不一样，6 速的湿式双离合器由于浸泡在润滑油中工作，衔接会更加细腻，应对大马力输出，运动性也更强大，而 6 速的干式离合器，虽然在形式上比普通手

---

① 1 匹 ≈ 0.745 kW。

挡或自动变速器速度快，但比湿式要差。

🌀 课后练习

一、填空题

（1）减速器介于_____和驱动半轴之间，驱动电机的动力输出轴通过花键直接与减速器输入轴齿轮连接。

（2）减速器动力传动机械部分是依靠_____来实现减速增扭。

（3）驾驶人操作电子换挡器进入 P 挡，电子换挡器将_____信号发送到 VCU，VCU 结合当前驱动电机转速及轮速情况判断是否符合驻车条件。

二、判断题

（1）纯电动模式下，汽车的驱动系统不再需要多挡位的变速器，驱动系统结构得以大幅简化。　　　　　　　　　　　　　　　　　　　　　　　（　）

（2）解除驻车完成后 TCU 将收到减速器发出的挡位位置信号，并将此信号反馈给 TCU，完成换挡过程。　　　　　　　　　　　　　　　　　　　（　）

（3）TCU 接收相关的换挡条件和换挡请求，直接控制驻车电机驱动棘爪扣入或松开棘轮，达到驻车或解除驻车功能。　　　　　　　　　　　　　　（　）

驱动电机减速机构一般保养与维修

 案例导入

驱动电机减速机构
一般保养与维修

　　一辆新能源汽车因车辆故障来到汽车服务公司，售后接待员小李接待了客户，按照流程需要根据维修服务接待工单的内容，向客户确认相关情况并做相应的检查，并对车辆进行先期的预诊断，并完成驱动电机减速机构相关操作后按照工单填写要求，及时填写维修服务接待工单。

 知识储备

一、减速器油液的基础知识

　　减速器润滑油，主要采用齿轮润滑油。它和机油在使用条件、自身成分和使用性能上均存在着差异。齿轮油主要起润滑齿轮和轴承、防止磨损和锈蚀、帮助齿轮散热等作用。由于减速器齿轮传动时表面压力高，因此齿轮油对齿轮的润滑、抗磨、冷却、散热、防腐防锈、洗涤和降低齿面冲击与噪声等方面起着重要作用。齿轮油应具有良好的抗磨、耐负荷性能和合适的黏度。此外，还应具有良好的热氧化安定性、抗泡性、水分离性能和防锈性能。

　　齿轮油一般要求具备以下 6 条基本性能。

1. 合适的黏度及良好的黏温性

　　黏度是齿轮油最基本的性能。黏度大，形成的润滑油膜较厚，抗负载能力相对较大。

2. 足够的极压抗磨性

　　极压抗磨性是齿轮油最重要的性质、最主要的特点，是防止运动中齿面磨损、擦伤、胶合的性能。为防止油膜破裂造成齿面磨损和擦伤，在齿轮油中一般都加入极压抗磨剂，以前常用硫-氯型、硫-磷-氯型、硫-氯-磷-锌型、硫-铅型和硫-磷-铅型添加剂，目前普遍采用硫-磷或硫-磷-氮型添加剂。

3. 良好的抗乳化性

　　齿轮油遇水发生乳化变质会严重影响润滑油膜形成而引起擦伤、磨损。

4. 良好的氧化安定性和热安定性

　　良好的热氧化安定性保证油品的使用寿命。

5. 良好的抗泡性

　　生成的泡沫不能很快消失将影响齿轮啮合处油膜形成，夹带泡沫使实际工作油量减少，影响散热。

6. 良好的防锈防腐蚀性

腐蚀和锈蚀不仅破坏齿轮的几何学特点和润滑状态，腐蚀与锈蚀产物会进一步引起齿轮油变质，产生恶性循环。

齿轮油还应具备其他一些性能，如黏附性、剪切安定性等。

二、汽车齿轮油的黏度分类

我国汽车齿轮油的黏度分类见表8-2。

表8-2 我国汽车齿轮油的黏度分类

黏度牌号	100 ℃时运动黏度/(mm²/s)		
	达到150 Pa·s的最高温度/℃	最低	最高
70W	−55	4.1	—
75W	−40	4.1	—
80W	−26	7.0	—
85W	−12	11.0	—
90W	—	13.5	24.0
140W	—	24.0	—
250W	—	41.0	—

三、减速器外观检查

减速器外观检查步骤见表8-3。

表8-3 减速器外观检查步骤

操作示意图	操作方法	操作标准
	检查吉利EV450减速器外部	无磕碰、无变形，无渗油、无漏油

续表

操作示意图	操作方法	操作标准
	检查吉利 EV450 减速器半轴防尘套密封情况	无破损、无漏油，防尘套紧固卡环无松动

四、减速器油液检查、添加更换

减速器初次维护磨合后，建议行驶 3 万 km 或使用 3 个月后更换润滑油，之后按要求进行定期维护。

减速驱动桥定期维护周期按里程或使用时间判断，以先到为准。表 8-4 为 8 万 km 以内的定期维护，超过 8 万 km 按相同周期进行维护。在更换润滑油之前，应先检查减速驱动桥是否漏油。非换油作业举升车辆时，也应检查减速驱动桥是否漏油。

表 8-4　减速器建议维护周期

里程表读数/km	1 万	2 万	3 万	4 万	5 万	6 万	7 万	8 万
月数	6	12	18	24	30	36	42	48
方法	B	H	B	H	B	H	B	H

注：B 为在维护检查必要时更换润滑油，H 为更换润滑油。

减速驱动桥要求换润滑油型为 DEXRON VI 合成油，油量为 1.7 L。

1. 减速器油液检查、添加更换步骤

（1）整车下电。

（2）水平举升车辆，检查减速驱动桥是否漏油。如有漏油，则查明原因并处理。

（3）拆卸减速驱动桥放油螺塞，排放润滑油，放油螺塞位置通常在驱动桥壳最底部。

（4）在放油结束后按规定力矩 19~30 N·m 拧紧放油螺塞。如有需要，可以在放油螺塞上涂抹少量密封胶。

（5）拆卸加油螺塞。加油螺塞位置通常在放油螺塞旁边，但要高于放油螺塞。

（6）加注润滑油，直到加油螺塞孔有油液流出，停止加注，此时油位达到要求。

（7）按规定力矩 19~30 N·m 拧紧加油螺塞。

（8）使用抹布擦净减速器底部润滑油。

（9）试车运行一段时间，再次检查加速驱动桥是否漏油。

2. 减速器总成油液及油位检查步骤

（1）整车下电。

（2）举升车辆，检查减速驱动桥总成是否漏油。如果有，应查明原因并处理。

（3）拆卸放油螺塞，检查油位。如果润滑油能从加油孔缓慢流出，说明油位正常。否则，应补充规定的润滑油，直到加油孔有油液流出为止。

五、BYDT75 变速器检修注意事项

（1）当变速器打开时，不得有污物进入变速器。

（2）将拆下的部件放在干净的垫板上并盖住以免弄脏。注意使用薄膜和纸张盖住部件，不要使用纤维质的抹布。

（3）安装干净的零部件即在安装前才从包装中取出原厂件。

（4）如果维修工作不能立即进行，请仔细地将打开的零部件遮盖或密封起来，并且不得向油里掺入任何添加剂。

（5）排出的变速器油不允许直接重新添加。使用变速器油时要谨慎，对排出的变速器油进行合理地废弃处理。

六、更换 BYDT75 变速器滤清器

1. 以下情况不必更换滤清器

滤芯及外壳无破损，滤芯无杂质。

2. 在下列情况下必须更换滤清器

（1）保养周期达到 60 000 km。

（2）冷却液进入机油。

（3）在机油中有金属屑。

（4）离合器烧毁或机械损坏。

更换 BYDT75 变速器滤清器指南见表 8-5。

表 8-5   更换 BYDT75 变速器滤清器指南

操作示意图	操作方法	操作标准
机油滤清器盖罩　滤芯	更换 BYDT75 变速器滤清器	更换滤芯时，同时更换滤芯罩

七、更换 BYDT75 变速器油

1. 排出变速器油

（1）如表 8-6 中的操作示意图所示，依次取出放油螺塞，排出变速器内油液。

（2）使用专用器皿收集排出的机油。

2. 加注变速器油

（1）将放油螺塞打上密封胶后与新的放油螺塞垫片一同安装到位，拧紧力矩为 45 N·m。

（2）拆下注油螺塞和注油螺塞垫片，加注变速器油到油位孔下沿，标准加油量 7.8 L。

（3）整车挂 P—N—D—R—R 挡位，保持变速器位置，多余的油从油位孔自然溢出。

（4）最后将注油螺塞与新的注油螺塞垫片一同安装，拧紧力矩为 45 N·m。

表 8-6   更换 BYDT75 变速器油指南

操作示意图	操作方法	操作标准
放油螺塞垫片　放油螺塞	拆装放油螺塞和放油螺塞垫片	采用棘轮扳手进行拆装；按规定力矩 45 N·m 拧紧放油螺塞，在放油螺塞上涂抹少量密封胶

任务实施

新能源汽车的定义与发展	工作任务单	班级：
		姓名：

结合所学内容，解释以下术语		
序号	术语	定义
1	减速器润滑油	
2	抗乳化性	
3	黏度	
4	抗磨性	

写出下图各部件的名称和检查方法			
序号	部件	名称	检查方法
1			
2			

根据所学，简述更换变速器油的方法
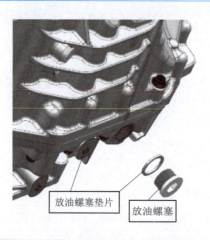

放油螺塞垫片　　放油螺塞

 拓展知识

一、减速机构油液泄漏检查

漏油检查主要是检查减速器与驱动电机接缝处、放油口、加油口和油封处。

将车辆停稳，将驱动电机与减速器接缝、放油口、加油口和油封几个位置清理干净，在车辆底下放置一块纸板，1~2 min 后，观察纸板上变速器位置有无油渍，如果有油渍，可以根据油渍位置判断漏油的大致位置。

漏油相对渗油速度较快，渗油需要比较长的时间才能发现。

如果安装了车底护板，以上方法不宜检查，则需要举升车辆，拆卸护板，目视检查驱动电机与减速器安装配合处有无油渍。

二、减速机构油液液位检查

减速器油的温度对油位影响较大，因此只有减速器油温处于 35~50 ℃ 之间时检查的油位才最准确。检查油位时，车辆一定要处于水平位置。具体检查步骤如下。

（1）操纵举升机将车辆举升到适当高度，并可靠锁止举升机。

（2）拧松减速器注油螺塞。

> **注意**：禁止使用已严重磨损的工具拆卸注油螺塞，否则容易造成滑牙，给拆卸带来更大的困难。

（3）旋下注油螺塞并放好。

（4）查看减速器内油面位置，减速器油液面应与加注孔下缘平齐，如果油位低，检测减速器油是否存在泄漏现象，并及时加注。

> **注意**：为了看清油面位置，可以配合灯光照明。减速器油面应位于加注孔下缘 0 ~ 5 mm 范围内，如果减速器油面正常，则将注油螺塞按照规定力矩拧紧。

课后练习

一、填空题

（1）齿轮油主要起润滑_____和轴承、防止磨损和锈蚀、帮助齿轮散热等作用。

（2）_____是齿轮油最重要的性质、最主要的特点，是防止运动中齿面磨损、擦伤、胶合的性能。

（3）齿轮油遇水发生_____会严重影响润滑油膜形成而引起擦伤、磨损。

二、判断题

（1）减速器润滑油，主要采用齿轮润滑油。　　　　　　　　　　　　　　（　　）

（2）齿轮油对齿轮的润滑、抗磨、冷却、散热、防腐防锈、洗涤和降低齿面冲击与噪声等方面起着重要作用。　　　　　　　　　　　　　　　　　　　　　　　　（　　）

（3）黏度是齿轮油最基本的性能，黏度小，形成的润滑油膜较厚，抗负载能力相对较大。　　　　　　　　　　　　　　　　　　　　　　　　　　　　　　　　　（　　）

任务三 驱动电机减速机构故障诊断

案例导入

一辆 2018 款吉利 EV450 来店里做维修。请根据电动汽车维修保养的需求，完成驱动电机减速机构故障诊断工作。

驱动电机减速
机构故障诊断

知识储备

1. 减速机构异响、振动、噪声故障诊断策略

减速机构的传动轴、万向节、差速器、螺栓等松旷或出现故障会造成车辆在行驶过程中发出异响。驱动系统噪声、振动、不平顺等故障症状见表 8-7。

表 8-7 驱动系统噪声、振动、不平顺等故障症状

部位	症状	可能的原因	可疑部件
驱动轴	噪声	万向节角度过大 万向节滑动阻力 车轮轴承损坏	前轴和前悬架 轮胎/车轮
	抖动	万向节角度过大 驱动轴不平衡 车轮轴承损坏	前轴和前悬架 轮胎/车轮
前轴	噪声	安装不当、松动 零部件干涉 车轮轴承损坏	前轴和前悬架 轮胎/车轮
	抖动		
	振动	安装不当、松动 零部件干涉 车轮轴承损坏	前轴和前悬架 轮胎
	颤动	安装不当、松动 零部件干涉	前轴和前悬架 轮胎/车轮
	乘坐不适	安装不当、松动 零部件干涉	前轴和前悬架 轮胎/车轮
	操作困难		

2. 半轴万向节异响故障诊断策略

半轴万向节异响故障诊断策略见表8-8。

表8-8 半轴万向节异响故障诊断策略

故障现象	①汽车起步时有撞击声，行驶中始终有异响。 ②起步时无异响，行驶中却有异响。 ③行驶中发出周期性的响声，速度越高响声越大。 ④不同工况时，传动轴发出"吭"或"咣当、咣当"的响声。 ⑤运行中出现连续的"呜、呜"响声。
故障原因	①缺乏润滑油。 ②万向节十字轴及滚针磨损松旷或滚针碎裂。 ③传动轴花键齿与伸缩管花键槽磨损松旷。 ④减速器花键齿与凸缘花键槽磨损过甚。 ⑤各连接部位的螺栓松动。 ⑥中间轴承磨损过度或轴承支架橡胶套损坏，或者支架位置不正确和装配不当等导致轴承歪斜。 ⑦传动轴弯曲、凹陷，运转中失去平衡。 ⑧传动轴两端万向节叉安装不正确。 ⑨平衡块脱落，凸缘和轴管焊接歪斜，花键配合松旷。 ⑩万向节十字轴回转中心与传动轴同轴度误差过大
诊断策略	①行驶中变换车速和加速试验，如出现"喀啦、喀啦"的撞击声，很可能是轴承磨损松旷或缺油，应加足润滑油，修复或更换轴承。 ②车辆在起步时，出现"咣当"一声响或响声较杂乱，例如，在缓坡路上向后倒车时，出现"咯叽、咯叽"的连续声响，一般是滚针碎裂、折断或丢失，应更换。 ③周期性异响，车速越快响声越大，应检查传动轴是否弯曲、平衡块有无脱落、花键配合是否松旷。 ④若连续振响，应检查中间轴承支架垫圈等。 ⑤举起汽车使车轮高速运转，查看传动轴摆振情况，特别应关注当抬起加速踏板，车速突然下降的情况，若摆振更大，则故障原因为凸缘和轴管焊接歪斜或传动轴弯曲。 ⑥检查万向节叉及中间轴支架的技术状况，例如，因安装不合要求，十字轴及滚针磨损碎裂而引起松旷，使传动轴总成失去平衡，应修复或更换。 ⑦用手扭动传动轴，如感到阻力很大，应检查支架螺栓紧固情况和轴承位置，必要时进行调整；如果扭转传动轴感到松旷，可分解检查轴承是否磨损过度或损坏、润滑油是否缺少、支架橡胶套是否损坏，必要时进行修理或更换

3. 传动轴发抖或前驱半轴振动故障诊断策略

传动轴发抖或前驱半轴振动故障诊断策略见表8-9。

表8-9　传动轴发抖或前驱半轴振动故障诊断策略

故障现象	若为传动轴振动，故障现象为当汽车行驶达到一定速度时，车身出现严重振动，车门、转向盘等强烈振响；若为前驱动轴振动，故障现象为当汽车加速行驶或高速行驶时出现前驱动轴振动，严重时车身亦出现振响
故障原因	①传动轴装配错误，两端万向节叉不处在同一平面内。 ②传动轴弯曲变形。 ③传动轴轴管凹陷或平衡片脱落。 ④中间支承轴承或支架橡胶垫环隔套磨损松旷。 ⑤十字轴滚针轴承磨损松旷或破裂。 ⑥传动轴伸缩节的花键齿与花键槽磨损，配合松旷。 ⑦前驱动轴内侧等速万向节磨损松旷
诊断策略	①汽车行驶时产生周期性声响和振动，车速越快，声响和振动越大，应检查装配标记是否对正，以保证传动轴两端万向节叉处于同一平面内。如不对正，应重新装配。 ②若装配标记正确，应检查平衡片是否脱落，传动轴轴管是否凹陷。如平衡片脱落或轴管凹陷，应予以修理。 ③进一步诊断，应拉紧驻车制动器，用两手握住传动轴轴管来回转动。若有晃动感，应检查各连接螺栓是否松动。若松动，应予以紧固，再检查传动轴花键配合是否松旷。如松旷，应修理或更换。 ④以上检查完好，应拆下传动轴，检查传动轴是否弯曲变形。如弯曲变形，应予以校正。 ⑤检查十字轴轴颈和滚针轴承是否磨损松旷、滚针碎裂。如不符合要求，应予以修理或更换。 ⑥若汽车行驶时呈连续振响，应在启动开关关闭后，用手握住中间传动轴，径向晃动，并进行检查：中间支承支架紧固螺栓是否松动；轴承是否磨损松旷；橡胶垫环隔套是否径向间隙过大。如不符合要求，应予以修理或更换。 ⑦经以上检查完好，应拆下中间传动轴检查，如有弯曲变形，应予以校正。 ⑧车辆若为前桥驱动，应拆检前驱动轴内侧等速万向节的滚道表面和钢球是否严重磨损、卡滞。如过度磨损或卡滞，应更换内侧等速万向节

4. 万向节松旷故障诊断策略

万向节松旷故障诊断策略见表8-10。

表8-10　万向节松旷故障诊断策略

故障现象	在汽车起步时就能听见"咯啦、咯啦"的撞击声。在突然改变车速的瞬间，例如，突然加速时，响声更为明显；缓慢匀速行驶时响声较轻微，发出"咣当、咣当"的响声

故障原因	①凸缘盘连接螺栓松动。 ②万向节主、从动部分游动角太大。 ③万向节十字轴磨损严重
诊断策略	①用橡胶锤轻轻敲击各万向节凸缘盘连接处，检查其松紧度。如太松旷，则说明故障由连接螺栓松动引起，否则继续检查。 ②用双手分别握住万向节主、从动部分转动，检查游动角度。如游动角度太大，则故障由此引起

5. 传动轴不平衡故障诊断策略

传动轴不平衡故障诊断策略见表8-11。

表8-11　传动轴不平衡故障诊断策略

故障现象	汽车行驶中传动装置发出周期性的响声，车速越高响声越大，严重时伴有驾驶员振背感。这是传动轴的动不平衡特征
故障原因	①传动轴弯曲或传动轴管凹陷。 ②中间支承紧固螺栓松动。 ③中间支承轴承位置偏斜。 ④万向节损坏；安装不合要求；传动轴的凸缘和轴管焊接时位置歪斜。 ⑤传动轴上原平衡块脱落
诊断策略	①检查传动轴是否凹陷。如有凹陷，则故障由此引起；没有凹陷，继续检查。 ②检查传动轴管上的平衡片是否脱落。 ③检查伸缩叉安装是否正确。如果不正确，则故障由此引起；如果伸缩叉正确安装，则要求两个万向节叉在同一平面上。 ④拆下传动轴进行动平衡试验，如动不平衡，则应校准以消除故障

6. 驱动桥异响故障诊断策略

驱动桥异响故障诊断策略见表8-12。

表8-12　驱动桥异响故障诊断策略

故障现象	①行驶时驱动桥异响，松开加速踏板滑行时异响消失。 ②行驶时驱动桥异响，松开加速踏板时亦有异响。 ③直线行驶时无异响，转向时有异响。 ④上坡时无异响，下坡时有异响。 ⑤上、下坡时都有异响

续表

故障原因	①齿轮啮合不良或齿面剥落、裂缺、断齿、磨损过度等。 ②半轴齿轮与半轴配合花键松旷。 ③差速器某零部件磨损过度。 ④某齿轮啮合间隙过小或过大；某齿轮啮合印迹不当
诊断策略	①行驶时驱动桥异响，松开加速踏板时异响消失，通常为齿面剥落。 ②行驶时驱动桥异响，松开加速踏板时亦有异响，通常为齿轮断齿、磨损过度等。 ③直线行驶时无异响，转向时有异响，通常为差速器某零部件磨损过度。 ④上坡时无异响，下坡时有异响，通常为减速器齿轮啮合间隙过小或过大和齿轮啮合印迹不当。上、下坡时均有异响，通常为齿面裂缺和断齿

7. 驻车电机不正常工作故障诊断策略

驾驶人操作电子换挡器退出 P 挡，电子换挡器将解除驻车请求信号发送给 VCU，VCU 结合当前驱动电机转速及转速情况判断是否满足解除驻车条件。当符合条件时，VCU 发送解除驻车指令到 TCU，TCU 根据解锁条件判断是否进行解锁，TCU 控制电机解除 P 挡锁止减速器。解除完成后，TCU 将收到减速器发出的挡位信号，并将此信号反馈给 VCU 完成换挡过程。

驻车电机相关电路图如图 8-6 所示。

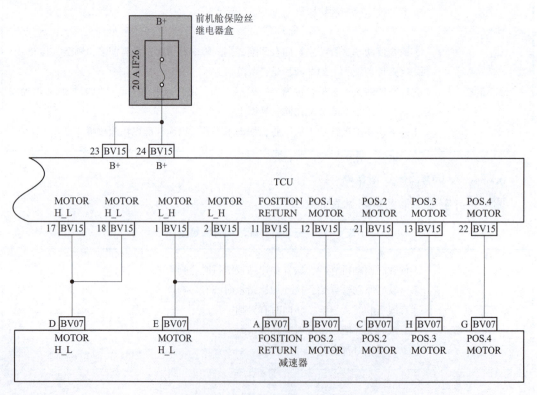

图 8-6　驻车电机相关电路图

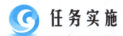 **任务实施**

驱动电机减速机构故障诊断	工作任务单	班级：
		姓名：
结合所学内容，解释以下故障点的诊断策略		
序号	故障点	诊断策略
1	驱动系统振动	
2	半轴万向节异响	
3	万向节松旷	
4	驱动桥异响	

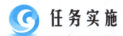 **拓 展 知 识**

一、混动变速器主要部件的结构特点

1. 双质飞轮

混合动力变速器在使用过程中，由于各种因素，其振动幅度以及噪声非常大。设计师在对混合动力变速器设计过程中，使用一个双质量飞轮工具作为扭转减振器，降低振动频率和幅度。扭转减振器的结构与手动变速器车辆的部件相似，虽然发动机并不通过独立的起动机来完成工作，但是仍需要将起动机镶嵌连接在一起的齿轮，使其达到获取曲轴转速的目的。发动机在运转过程中存在的不稳定性，并不能依靠电动机来控制，发动机与变速器之间必须安装双质量飞轮来控制运行过程中存在的不稳定性。

2. 机油泵

主动变速器在组装过程中并没有安装无液力变速器，但变速器的各个组件在运行过程中仍然需要润滑作用，才能顺畅运行。无液力变速器在使用过程中要配置汽油泵对其运行状况进行调节。为了完成润滑的作用以及对片式离合器的操控，要在变速器的输入端周围安装固定的机油泵。该机油泵的驱动可以通过发动机的传送动力完成，也可以专门安装电动机进行驱动。

3. 电液控制模块

混合动力系统的车辆在使用自动变速器进行驱动过程中，使用电液控制模块来进行驱动操作。在电液控制模块中，混合动力变速器控制系统是非常重要的组成部分。

4. 驻车锁

混合变速器的混合动力驻车锁与其他自动变速器的驻车锁有一定的差别，它并不像传统自动变速器中的驻车锁一样使用液压操控式来驱动驻车锁。混合变速器的混合动力驻车锁是通过一个电机对其驱动过程进行操控，该电机并不是单纯的电气系统，它与其他电子控制单元组成了一个综合性操控室，称为直接换挡模块。

5. 电动机

混合动力变速驱动中并没有固定的液力变矩器，因此发动机的实际转速与它的输出转速之间存在较大差异。在发动机起步阶段，可以通过电动机弥补发动机转速与输出转速之间的差异。利用发动机起步过程中发动机驱动的两个电动机中的一个电机进行转动，补偿混合动力驱动装置的不足。发动机驱动的两个电动机中，每一个电动机都有一个供电电子装置执行机构，控制单元发出指令之后，它除了执行指令外，还可以分析电动机内温度传感器及电机位置传感器发出的信号。

6. 混合动力主控控制单元

混合动力驱动装置在发挥作用的过程中，要通过混合动力控制单元，也就是混合动力控制处理器来发生作用。自动变速器具有混合动力主控工作单元功能，比较重要的功能有：对驾驶员指令进行准确地分析并确定挡位；根据行车过程中的具体状况以及驾驶员的指令，选择换挡模式，促进适应变速器对系统进行控制；在行驶过程中计算内部片式离合器需要的力矩；在行车过程中计算变速器输出端上的额定转矩。

7. 混合动力变速器控制系统

混合动力主控控制单元的规定值由混合动力变速器控制系统负责。混合动力变速器控制系统与其他自动变速器的电子控制系统有较大的差异，不是单纯用于变速器的主控单元，而是一个可以智能设计、作为执行机构控制单元的智能型控制系统。

课后练习

一、填空题

（1）减速机构的传动轴、万向节、差速器、螺栓等_____或出现故障会造成车辆在行驶过程中发出异响。

（2）驱动系统可能会出现噪声、_____、不平顺等故障现象。

（3）驱动轴抖动可能是万向节角度过大、驱动轴不平衡、_____。

二、判断题

（1）前轴颤动可能是安装不当、松动、零部件干涉。　　　　　　　　　（　　）

（2）半轴万向节异响不需要进行变换车速和加速试验。　　　　　　　（　　）

（3）若为传动轴振动，则当汽车行驶达到一定速度时，车身可能出现严重振动，车门、转向盘等强烈振响；若为前驱动轴振动，当汽车加速行驶或高速行驶时可能会出现前驱动轴振动，严重时车身亦出现振响。　　　　　　　　　　　　　　（　　）

任务一

驱动电机冷却系统结构与原理

 案例导入

某客户的吉利 EV450 轿车无法行驶，初步判定为电机冷却系统故障，4S 店让你对该车辆的冷却系统进行检测，你能完成这个任务吗？

驱动电机冷却
系统结构与原理

 知识储备

一、驱动电机冷却系统概述

新能源汽车驱动系统工作时，电机控制器和驱动电机均工作在高电压、高电流、大负荷工况下。电机控制器的主要生热器件是输出级的功率绝缘栅型双极场效应晶体管（MOSFET）器件。这些功率模块的损耗主要包括晶体管工作时的导通损耗、关断损耗、通态损耗、截止损耗和驱动损耗，这些功率损耗都会转换成热能，使控制器发热。最重要的是通态损耗和关断损耗，这两项损耗是电机控制器热量的主要来源。

驱动电机在运转过程中产生的热对电机的物理、电气和力学特性有着重要影响。一方面，当温度上升到一定程度时，电机的绝缘材料会发生本质上的变化，最终使其失去绝缘能力；另一方面，随着电机温度的升高，电机中的金属构件强度和硬度也会逐渐下降。由电子元器件组成的控制器，同样会由于温度过高导致电子器件性能下降，出现不利影响，例如，过高温度会导致半导体结点及电路损坏、增加电阻甚至烧坏元器件。

驱动电机内部由铁芯和线圈组成，电机通电运行都会有不同的发热现象。线圈有电阻，通电会产生损耗，损耗大小与电阻和电流的二次方成正比，这就是铜损。铁芯有磁滞涡流效应，在交变磁场中也会产生损耗，其大小与材料、电流、频率、电压有关，这就是铁损。铜损和铁损都会以发热的形式表现出来，从而影响电机的效率。

二、驱动电机冷却系统分类及原理

驱动电机在工作时，总是有一部分损耗转变成热量，它必须通过驱动电机外壳和周围介质不断将热量散发出去，这个散发热量的过程称为冷却。驱动电机主要冷却方式有自然冷却、风冷和水冷，各类型冷却系统原理和优缺点见表9-1。

表 9-1 各类型冷却系统原理和优缺点

类型	原理	优缺点
自然冷却	自然冷却依靠电机铁芯自身的热传递，散去电机产生的热量，热量通过封闭的机壳表面传递给周围介质，其散热面积为机壳的表面，为增大散热面积，机壳表面可加冷却筋	结构简单，不需要辅助设施就能实现，但自然冷却效率差，仅适用于转速低、负载转矩小、电机发热量较小的小型电机
风冷	电机自带同轴风扇来形成内风路循环或外风路循环，通过风扇产生足够的风量，带走电机所产生的热量。介质为电机周围的空气，空气直接送入电机内，吸收热量后向周围环境排出	冷却效果好；可使用风冷却器，采用循环空气冷却器避免腐蚀物和磨粒，有利于提高电机的使用寿命；结构相对简单，电机冷却成本较低。但受环境因素的制约，在恶劣的工业环境中，如高温、粉尘、污垢和恶劣的天气下，无法使用风冷。风冷常用于一般清洁、无腐蚀、无爆炸环境下的电机
水冷	水冷是将冷却液通过管道和通路引入定子或转子空心导体内部，通过循环的冷却液不断地流动，带走电机转子和定子产生的热量，达到对电机的冷却功能	冷却效果比风冷更显著。但是，需要良好的机械密封装置，冷却液循环系统结构复杂，存在渗漏隐患，如果发生冷却液渗漏，会造成电机绝缘破坏，可能烧毁电机；水质需要处理，其电导率、硬度和 pH 值都有一定的要求。 水冷式电机主要应用于大型机组和高温、粉尘、污垢等恶劣的无法使用自然冷却、风冷型电机的场合，如纺织、冶金、造纸等行业使用的电机中

比亚迪 e2、e5 车型驱动电机冷却系统均采用电动冷却循环系统、双风扇散热器，安装在车辆前部。冷却系统将驱动电机和高压电控总成（内装电机控制器）串联在冷却循环回路中，如图 9-1 所示。

吉利帝豪 EV450 驱动电机冷却系统如图 9-2 所示，驱动电机、电机控制器、车载充电机串联在冷却回路中。

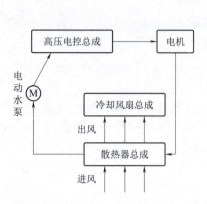

图 9-1　比亚迪 e2、e5 车型驱动电机冷却系统

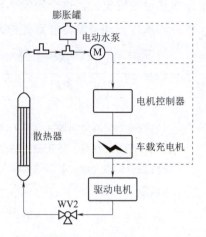

图 9-2　吉利帝豪 EV450 驱动电机冷却系统

电动冷却液泵由低压电路驱动，为冷却液的循环提供压力。

膨胀罐是一个透明塑料罐，通过冷却液管路与散热器相连接。冷却液随着温度的升高膨胀，部分冷却液因膨胀从冷却系统中流回膨胀罐，散热器和冷却液管路中滞留的空气也被排入膨胀罐。

车辆停止，冷却液温度降低并收缩，先受热排出的冷却液则被吸回散热器，使散热器中的冷却液液面一直保持在合适的高度，提高冷却效率。

冷却风扇安装在车辆前部散热器的后方，可增加散热器和冷凝器的通风量，加快系统的冷却速度。目前一般采用双风扇、高低速控制模式。冷却风扇由整车控制器中低速和高速两个继电器控制。在低速控制电路中，采用串联调节电阻的方式改变风扇转速。

驱动电机冷却系统一般采用乙二醇型冷却液，冰点在-40 ℃左右。禁止使用普通自来水代替冷却液。

 任务实施

驱动电机冷却系统结构与原理	工作任务单	班级：
		姓名：
简述驱动电机冷却系统分类及原理		
序号	类型	原理
1	自然冷却	
2	风冷	

续表

序号	类型	原理
3	水冷	
简述冷却系统工作原理		

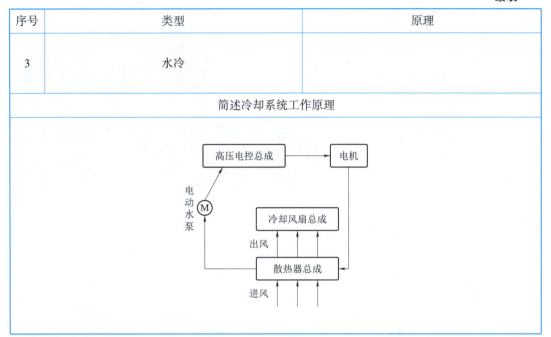

拓展知识

一、动力蓄电池温度控制系统作用及控制方式

1. 动力蓄电池温度控制系统作用及控制方式

动力蓄电池作为电动汽车的动力能源，在工作中会产生大量的热量，此时如果动力蓄电池过热会严重影响其工作性能，例如，40~50 ℃的高温会明显加速电池的衰老，更高的温度（如120~150 ℃）则会引发电池热失控。生热因素主要有4个：电池化学反应生热、电池极化生热、过充电副反应生热以及内阻产生的焦耳热。另外，动力蓄电池最佳工作温度为23~24 ℃，温度并非越低越好，在低温的环境下需要对动力蓄电池进行加热，保持合适的工作温度。由此可见，动力蓄电池的性能与电池温度密切相关。因此，新能源汽车与传统汽车一样，也必须采用冷却系统。

2. 动力蓄电池温度控制系统的冷却控制

动力蓄电池温度控制包含两个方面：冷却和加热，即在电池温度过高时的有效散热、低温条件下的快速加热。通过对动力蓄电池组冷却或加热，保持动力蓄电池组较佳的工作温度，以改善其运行效率并提高电池组的寿命。目前动力蓄电池的冷却方式主要采用风冷和水冷两种方式，具体如图9-3所示。

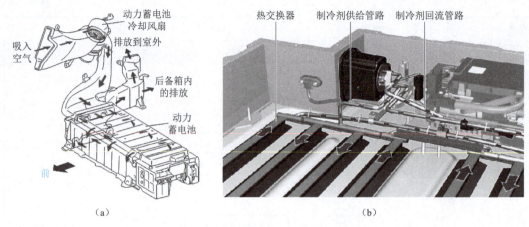

图 9-3　动力蓄电池的冷却方式

（a）风冷系统（丰田 NHW20 车型）；（b）水冷系统（BMW I3 车型）

3. 动力蓄电池温度控制系统的加热控制

动力蓄电池加热控制主要有两种方式，一种是湿式加热，通过 PTC 加热器对冷却液进行加热后，通过冷却液加热动力蓄电池；另一种是干式加热，通过 PTC 加热器直接对动力蓄电池进行加热。

1）湿式加热

如图 9-4 所示，动力蓄电池温度低时，电池管理系统控制加热器通电开始工作，电动冷却液水泵输送冷却液流过加热器进行加热，再通过冷却液控制阀流入动力蓄电池内部进行加热。

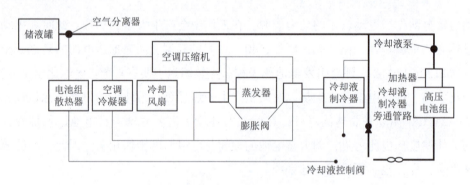

图 9-4　湿式加热控制

2）干式加热

动力蓄电池的 PTC 加热器工作示意图如图 9-5 所示。当动力蓄电池需要加热时，总正接触器和总负接触器都闭合，PTC 接触器也闭合，电流从动力蓄电池出发经总正接触器后，流经每个 PTC 加热器后，经 PTC 熔断器、PTC 接触器和总负接触器后流回动力蓄电池。

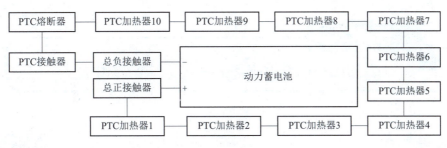

图 9-5　PTC 加热器工作示意图

 课后练习

一、填空题

（1）新能源汽车驱动系统工作时，电机控制器和驱动电机均工作在_____、高电流、大负荷工况下。

（2）功率模块的损耗主要包括晶体管工作时的导通损耗、关断损耗、通态损耗、截止损耗和驱动损耗，这些功率损耗都会转换成热能，使_____发热。

（3）驱动电机在运转过程中产生的热对电机的物理、电气和力学特性有着重要影响，当温度上升到一定程度时，电机的绝缘材料会发生本质上的变化，最终使其失去_____。

二、判断题

（1）驱动电机内部由铁芯和线圈组成，电机通电运行都会有相同的发热现象。

（　　）

（2）驱动电机在工作时，总是有一部分损耗转变成热量，它必须通过驱动电机外壳和周围介质不断将热量散发出去，这个散发热量的过程叫作冷却。（　　）

（3）比亚迪 e2、e5 车型驱动电机冷却系统均采用电动冷却循环系统、双风扇散热器，安装在车辆前部。（　　）

驱动电机冷却系统一般保养与维修

案例导入

某客户新买了一辆比亚迪秦轿车，但该客户缺乏对该车辆的了解，作为专业人员，你需要从电机冷却系统一般术语和定义、冷却系统的组成和维修等方面为客户进行讲解。

驱动电机冷却系统
一般保养与维修

知识储备

一、驱动电机冷却系统一般保养

1. 驱动电机冷却液液位检查

（1）打开前机舱盖，找到驱动电机冷却系统膨胀罐，检查膨胀罐内冷却液液位是否位于 F 和 L 之间，如图 9-6 所示。

（2）打开图 9-6 箭头指示的加注口盖，查看冷却液是否浑浊。

> **注意：** 应在冷却系统彻底冷却后再打开加注口盖，处于散热状态时切勿打开，以免烫伤。如果冷却液不在规定范围内，应添加；如果冷却液浑浊，应更换。

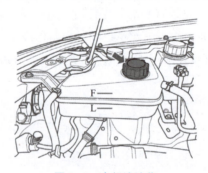

图 9-6　冷却液液位

2. 驱动电机冷却液冰点检查

驱动电机冷却液冰点测试仪如图 9-7 所示。检测冷却液的冰点时，取少许冷却液样品涂于冰点测试仪观测口；单目通过冰点测试仪观测口查看冷却液冰点值。观测口中有明显的蓝白分界线，上部为蓝色，下部为白色，分界线对应的刻度就是测量的结果。冰点测试仪观测口如图 9-8 所示，冰点测试仪观测方法如图 9-9 所示。

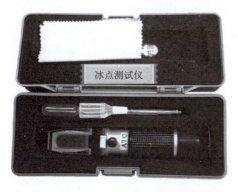

图 9-7　冰点测试仪外观

图 9-8　冰点测试仪观测口

图 9-9　冰点测试仪观测方法

3. 驱动冷却液管路检查

目视检查驱动系统的冷却管路以及管路与零部件的接口处是否泄漏，冷却液根据规定需要配备醒目的颜色，确保泄漏时能目视发现。用手捏冷却液管，看冷却液管是否存在老化、硬化等不良现象。

4. 驱动电机冷却液更换

（1）打开膨胀罐冷却液加注口盖。

（2）举升车辆，断开图 9-10 所示的散热器出水管，使用容器收集排放出的冷却液。

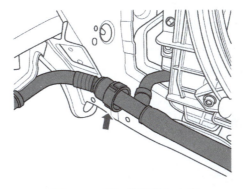

图 9-10　断开散热器出水管

（3）冷却液排放完毕后，连接散热器出水管，并检查冷却管路连接是否完整。

（4）使用故障诊断仪进入加注初始化状态，具体操作如下：将车辆启动开关置于 ON 挡，且非充电状态，连接故障诊断仪（以吉利帝豪 EV450 为例），选择车型—手动选择系统—空调控制器（AC）—特殊功能，选择加注初始化，车辆处于加注初始化状态。

（5）打开膨胀罐加注盖，如图 9-11 所示，缓慢加注冷却液，直至膨胀罐内冷却液达到 80%，且液位不再下降。

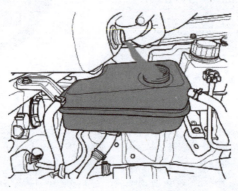

图 9-11　加注冷却液

（6）进行冷却系统排气操作，具体操作如下：连接故障诊断仪，使车辆处于排气状态，如果液位下降应及时补充冷却液，排气过程时长不小于 10 min。

（7）观察膨胀罐内冷却液是否下降，并及时补充冷却液，确保冷却液液位处于 F 和 L 之间。

（8）拧紧膨胀罐加注盖，使用故障诊断仪将车辆恢复默认模式。

注意：

①冷却液不能重复使用、混合使用，也不能更换不同颜色的冷却液。

②只能使用厂家认可、符合国家标准的冷却液。

③冷却液可以防止结冰、腐蚀损坏和结垢，此外还能提高沸点，因此冷却液必须按标准加注。

④禁止使用磷酸盐和硝酸盐作为防腐剂的冷却液。

⑤在热带气候的南方，必须使用高沸点的冷却液。

⑥在寒冷的北方，必须保证冷却液防冻温度低至约-25 ℃（高寒地域低至约 -35 ℃）。

二、驱动电机冷却系统维修

1. 膨胀罐更换

安装步骤如下。

注意： 拆卸或安装水管环箍时，都应使用专用的环箍钳。

（1）打开前机舱盖。

（2）待冷却液温度低时，打开膨胀罐盖，释放冷却系统压力，举升车辆并排放冷却液。

> **注意**：冷却液高温时，不要执行该操作，以免造成烫伤。

（3）脱开图9-12所示散热器通气软管1的环箍（膨胀罐侧），拔下膨胀罐侧散热器通气软管1。

（4）脱开图9-12所示散热器通气软管2的环箍（膨胀罐侧），拔下膨胀罐侧散热器通气软管2。

（5）脱开图9-12所示散热器通气软管3的环箍（膨胀罐侧），拔下膨胀罐侧散热器通气软管3。

> **注意**：水管脱开前，应在车辆底部放置容器，接住防冻液，以免污染地面。

（6）拆卸图9-12所示膨胀罐前后的安装螺栓4，取下膨胀罐。

安装步骤按照与拆卸相反的顺序进行，最后参照"驱动电机冷却液更换"小节加注冷却液。

2. 加水软管更换

（1）打开前机舱盖待冷却液温度低时，打开膨胀罐盖，释放冷却系统压力，举升车辆并排放冷却液。

（2）拆卸图9-13所示加水软管环箍（膨胀罐侧），并从膨胀罐上脱开加水软管。

（3）拆卸图9-13所示加水软管环箍（冷却液泵侧），并从膨胀罐上脱开加水软管。

（4）取下加水软管。

安装步骤按照与拆卸相反的顺序进行，最后参照"驱动电机冷却液更换"小节加注冷却液。

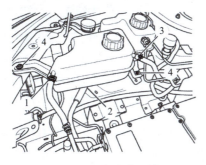

图9-12　膨胀罐更换

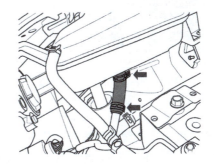

图9-13　加水软管更换

3. 散热器通风软管更换

（1）打开前机舱盖，待冷却液温度低时，打开膨胀罐盖，释放冷却系统压力，举升车辆并排放冷却液。

（2）拆卸图9-14所示散热器通风管两个环箍，并取下散热器通风管。

安装步骤按照与拆卸相反的顺序进行，最后参照"驱动电机冷却液更换"小节加注冷却液。

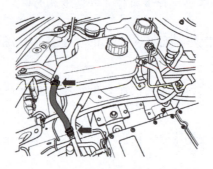

图9-14　散热器通风管的更换

4. 散热器出水管更换

（1）打开前机舱盖，待冷却液温度降低后，打开膨胀罐盖，释放冷却系统压力，举升车辆并排放冷却液。

（2）断开图9-15所示的散热器出水管。

注意：断开出水管时，使用容器收集散热器内残留的冷却液。

（3）按压图9-16所示箭头处的热交换器与散热器连接管路接头的卡扣，向外拔出冷却液连接管路。

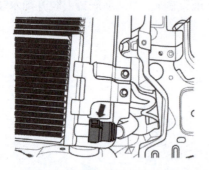 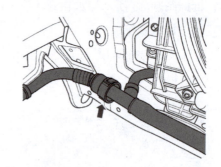

图9-15　断开散热器出水管　　　　图9-16　断开热交换器与散热器连接管路

注意：拔开连接管路接头时，使用容器收集散热器和热交换器内残留的冷却液。

（4）使用环箍钳松开图9-17所示的驱动电机冷却液泵与散热器冷却液管路环箍，取下水管。

安装步骤按照与拆卸相反的顺序进行，最后参照"驱动电机冷却液更换"小节加注冷却液。

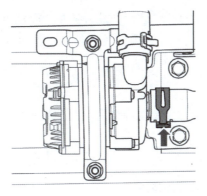

图 9-17　断开中冷却液泵与散热器管路

5. 散热器进水管更换

（1）打开前机舱盖，待冷却液温度低时，打开膨胀罐盖，释放冷却系统压力，举升车辆并排放冷却液。

（2）使用环箍钳松开图 9-18 所示箭头处的环箍，并脱开散热器进水管。

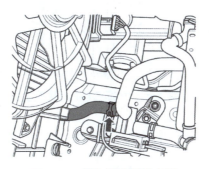

图 9-18　拆卸散热器进水管

（3）按压如图 9-19 所示箭头处的散热器进水管管路接头卡扣，并从散热器上脱开散热器进水管，取下散热器进水管。

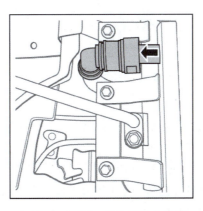

图 9-19　脱开散热器进水管

安装步骤按照与拆卸相反的顺序进行，最后参照"驱动电机冷却液更换"小节加注冷却液。

6. 电动冷却液泵更换

拆卸步骤如下。

（1）打开前机舱盖，待冷却液温度降低后，打开膨胀罐盖，释放冷却系统压力，举升车辆并排放冷却液。

（2）断开蓄电池负极电缆。

（3）断开电动冷却液泵线束插接器。

（4）使用环箍钳松开图 9-20 所示的散热器出水管和电机控制器进水管环箍，从电动冷却液泵上脱开散热器出水管和电机控制器总成进水管。

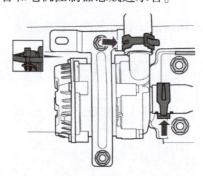

图 9-20　散热器出水管和电机控制器进水管环箍

（5）拆卸图 9-21 所示电动冷却液泵紧固螺栓。

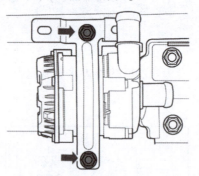

图 9-21　电动冷却液泵紧固螺栓

> **注意**：水管脱开前，应在车辆底部放置容器，接住冷却液，以免污染地面。

安装按照与拆卸相反的顺序进行。电动冷却液泵和管路安装完毕后，添加冷却液，连接蓄电池负极。将故障诊断仪连接到车载自动诊断系统（OBD）接口，执行冷却液加注初始化及排气程序。冷却液泵开始工作后，观察膨胀罐冷却液液面，如果下降，则添加冷却液到最高刻度位置。

7. 冷却风扇更换

安装按照与拆卸相反的顺序进行，如图 9-22 所示。冷却风扇和管路安装完毕后，添加冷却液，连接蓄电池负极。将故障诊断仪连接到 OBD 接口，执行冷却液加注初始化及排气程序。冷却液泵开始工作后，观察膨胀罐冷却液液面，如果下降，则添加冷却液到最高刻度位置。

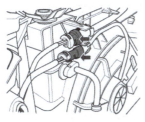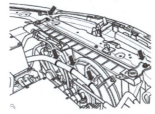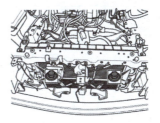

图 9-22　反序安装

8. 散热器总成更换

拆卸步骤：

（1）打开前机舱盖，断开蓄电池负极，待冷却液温度低时，打开膨胀罐盖，释放冷却系统压力，举升车辆并排放冷却液。

（2）拆卸前保险杠上饰板。

（3）断开图 9-23 所示的散热器进水管 1。

（4）拆卸图 9-24 所示箭头处的冷却风扇总成与散热器紧固螺栓。

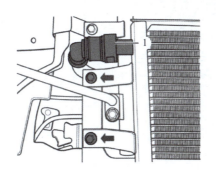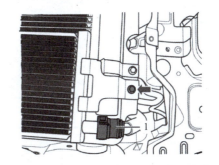

图 9-23　散热器进水管　　　　图 9-24　冷却风扇总成与散热器紧固螺栓

> **注意**：水管脱开前，应在车辆底部放置容器，接住冷却液，以免污染地面。

（5）断开图 9-24 所示的散热器出水管 1。

（6）拆卸图 9-24 所示箭头处的冷却风扇总成与散热器紧固螺栓，向外取出散热器总成。

> **注意**：小心移动散热器，避免与其他部件磕碰，以免损坏散热器散热片。

安装按照与拆卸相反的顺序进行。散热器总成安装完毕后，添加冷却液，连接蓄电池负极。将故障诊断仪连接到 OBD 接口，执行冷却液加注初始化及排气程序。冷却液泵开始工作后，观察膨胀罐冷却液液面，如果下降，则添加冷却液到最高刻度位置。

 任 务 实 施

驱动电机冷却系统一般 保养与维修	工作任务单	班级：
		姓名：
根据所学，简述冰点测试仪的操作步骤		
根据所学，简述膨胀罐的更换步骤		

 拓 展 知 识

一、对制冷剂的性能要求

1. 热力性能要求

（1）要求制冷剂的临界温度要高。

（2）要求制冷剂的单位容积制冷量要大。

（3）要求制冷剂的蒸发压力和冷凝压力适中。

（4）要求制冷剂的绝热指数要小。

2. 物理化学性能要求

对车用空调制冷剂物理化学性质的要求如下。

（1）黏度、密度小，以减少制冷剂在制冷系统中的流动阻力损失。

（2）热导率高，以提高热交换设备的传热系数，减少换热面积，降低材料消耗。

（3）使用安全。车用空调制冷剂应无毒、不燃烧、不爆炸。

（4）具有较好的化学稳定性和热稳定性。

（5）易于改变吸热与散热的状态，有很强的重复改变状态能力。

3. 环保性能要求

以前广泛使用的汽车空调制冷剂氟利昂（如 R11、R12）对大气中的臭氧有破坏作用，因此其生产和使用受到限制，已禁止使用。目前，汽车空调均使用对大气臭氧无破坏、温室效应小的制冷剂。

二、制冷剂的命名

制冷剂是用 R 后跟一组编号的方法来命名的，其中 R 是制冷剂（refrigerant）的第一个字母，如 R12、R134a、R22 等。R 后的数字或字母是根据制冷剂分子的原子构成按一定规则书写的。

也常采用 CFC、HCFC 或 HFC 来代替 R 以表示制冷剂分子的原子组成。CFC 表示制冷剂由氯原子、氟原子和碳原子组成。HCFC 表示制冷剂由氢原子、氯原子、氟原子和碳原子组成。HFC 表示制冷剂由氢原子、氟原子和碳原子组成。

三、制冷剂的性能特征

汽车空调制冷剂最早广泛使用的是 Rl2（CF_2Cl_2），即二氟二氯甲烷，后来出现了 R12 的替代产品 Rl34a（$HFCl34a$），即四氟乙烷。当前，R744（CO_2）和 Rl234yf（四氟丙烯）成为热门的制冷剂。Rl2、Rl34a、R744 及 Rl234yf 制冷剂的物理化学特性见表 9-2。

表 9-2　制冷剂的物理化学特性

项目	R12	R134a	R744	R1234yf
学名	二氟二氯甲烷	四氟乙烷	二氧化碳	四氟丙烯
分子式	CF_2Cl_2	CH_2FCF_3	CO_2	$CF_3CF=CH_2$
相对分子质量	120.91	102.30	44.00	100.00
沸点（1 个大气压）/℃	−29，79	−26.19	−78.52	−29.00
凝固点/℃	1577.8	−101	—	—
临界温度/℃	111.80	101.14	31.10	95.00
临界压力/MPa	4.125	4.065	7.380	0.673
临界密度/(kg·m^{-3})	558	1 207	—	1 094

续表

项目	R12	R134a	R744	R1234yf
0 ℃蒸发潜热/(kJ·kg⁻¹)	151.4	197.5	—	—
水中溶解度（1个大气压）（质量分数）（%）	0.28	0.15	—	—
燃烧性	不燃烧	不燃烧	不燃烧	不燃烧
臭氧破坏能力系数（ODP）	1.0	0	0	0
温室效应能力系数（GWP）	3.05	1.300	0	4

 课后练习

一、填空题

（1）应在冷却系统彻底冷却后再打开加注口盖，处于_____时切勿打开，以免烫伤。

（2）_____观测口中有明显的蓝白分界线，上部为蓝色，下部为白色，分界线对应的刻度就是测量的结果。

（3）冷却液可以防止结冰、腐蚀损坏和结垢，此外还能提高_____，因此冷却液必须按标准加注。

二、判断题

（1）拆卸或安装水管环箍时，都应使用专用的环箍钳。　　　　　　（　　）

（2）电动冷却液泵更换时，水管脱开前，应在车辆底部放置容器，接住冷却液，以免污染地面。　　　　　　　　　　　　　　　　　　　（　　）

（3）小心移动散热器，避免与其他部件磕碰，以免损坏蒸发器散热片。　（　　）

项目十 ┃ 驱动电机系统测试与测量

任务一
新驱动电机系统测试与检验标准

 案例导入

新能源汽车在行驶过程中，驱动电机出现了杂音和其他不正常的现象。经过多次试车检查后，需要让维修工程师拆开电机进一步检查。如果你是工程师，你能安全、规范地对电机进行测试吗？

驱动电机系统测试
与检验标准

知识储备

一、驱动电机的试验方法

《电动汽车用驱动电机系统——第 2 部分：试验方法》（GB/T 18488.2—2015）分为范围、规范性引用文件、术语与定义、试验准备、一般性试验项目、温升试验、输入输出特性试验、安全性试验、环境适应性试验和可靠性试验 10 个部分。本节简要介绍试验准备、一般性试验项目、温升试验等。

1. 试验准备

（1）试验环境条件。如无特殊规定，所有试验应在下列环境条件下进行。

①温度：18~28 ℃。

②相对湿度：45%~75%。

③气压：86~106 kPa。

④海拔：不超过 1 000 m；若超过 1 000 m，应按《旋转电机 定额和性能》（GB/T 755—2019）的有关规定执行。

（2）试验仪器选择注意如下两个方面。

①仪器准确度：仪器的准确度或误差应不低于表 10-1 中所列的要求，并满足实际测量参数的精度要求。尤其对于电气参数测量的仪器仪表，应能够满足相应的直流参数和交流参数测量的精度和波形要求。

表 10-1　试验仪器准确度

序号	试验仪器	准确度或误差
1	电气测量仪器	0.5 级（兆欧表除外）
2	分流器或电流传感器	0.2 级
3	转速测量仪	±2 r/min
4	转矩测量仪	0.5 级
5	温度计	±1 ℃
6	微欧计	0.2 级

②测量要求：若用分流器测量电流，测量线的电阻应按所用测量仪器选配；测量时，各仪器的读数应同时读取。

（3）试验电源注意如下两个方面。

①试验过程中，试验电源由动力直流电源提供，或者由动力直流电源和其他储能（耗能）设备联合提供。试验电源的工作直流电压不大于 250 V 时，其稳压误差应不超过 ±2.5 V；试验电源的工作直流电压大于 250 V 时，其稳压误差应不超过被试驱动电机系统直流工作电压的 ±1%。

②试验电源能够满足被试驱动电机系统的功率要求，并能够工作于相应的工作电压。

2. 一般性试验项目

一般性试验项目包括外观、外形和安装尺寸、质量、驱动电机控制器壳体机械强度、液冷系统冷却回路密封性能、驱动电机定子绕组冷态直流电阻、绝缘电阻、耐电压、超速等。

（1）驱动电机控制器壳体机械强度。试验时，分别在驱动电机控制器壳体的三个方向上按照《电动汽车用驱动电机系统——第 1 部分：技术条件》（GB/T 18488.1—2015）中 5.2.4 的规定，缓慢施加相应压强的砝码，其中砝码与驱动电机控制器壳体的接触面积最少不应低于 5 cm×5 cm，检查壳体是否有明显的塑性变形。

（2）液冷系统冷却回路密封性能。

①该项试验宜将驱动电机和驱动电机控制器的冷却回路分开后单独测量。

②试验前，不允许对驱动电机或驱动电机控制器表面涂覆防止渗漏的涂层，但是允许进行无密封作用的化学防腐处理。

③试验使用的介质可以是液体或气体，液体介质可以是含防锈剂的水、煤油或黏度不高于水的非腐蚀性液体，气体介质可以是空气、氮气或惰性气体。

④用于测量试验介质压力的测量仪表的精度应不低于 1.5 级，量程应为试验压力的 1.5~3 倍。

⑤试验时，试验介质的温度应和试验环境的温度一致并保持稳定；将被试样品冷却回路的一端堵住，但不能产生影响密封性能的变形，向回路中充入试验介质，利用压力仪表

测量施加的介质压力；使用液体介质试验时，需要将冷却回路腔内的空气排净，然后，逐渐加压至 GB/T 18488.1—2015 标准中 5.2.5 规定的试验压力，并保持该压力至少 15 min。

⑥压力保持过程中，压力仪表显示值不应下降，期间不允许有可见的渗漏通过被试样品壳壁和任何固定的连接处。如果试验介质为液体，则不得有明显可见的液滴或表面潮湿。

（3）超速试验。

①宜在驱动电机运转一段时间，驱动电机轴承润滑均匀后开始超速试验。

②超速试验前应仔细检查驱动电机的装配质量，特别是转动部分的装配质量，并采取相应的防护措施，防止转速升高时有杂物或零件飞出。

③超速试验时，对被试驱动电机的控制及对振动、转速和轴承温度等参数的测量应采用远距离测量方法。

④超速试验可根据具体情况选用被试驱动电机空载自转或原动机（测功机）拖动法。

a）采用被试驱动电机空载自转的方法：试验时，被试驱动电机在驱动电机控制器的控制下，平稳旋转至 1.2 倍最高工作转速，并在此转速点空载运行不少于 2 min。

b）采用原动机（测功机）拖动法：被试驱动电机不通电，在原动机（测功机）拖动下平稳旋转至 1.2 倍最高工作转速，并在此转速点空载运行不少于 2 min。

⑤升速过程中，当驱动电机达到额定转速时，应观察电机运转情况，确认无异常现象后，再以适当的速度提高转速，直至规定的转速。

⑥超速试验后应仔细检查驱动电机的转动部分是否有损坏或产生有害的变形，是否出现紧固件松动以及其他不允许的现象。

3. 温升试验

驱动电机绕组电阻的测量注意事项如下。

①电机绕组的温升宜用电阻法测量。此方法依据试验期间驱动电机绕组的直流电阻随着温度的变化而相应变化的增量来确定绕组的温升。

②试验前，按照驱动电机定子绕组冷态直流电阻的测量方法测量驱动电机某一绕组的实际冷态直流电阻（或者试验开始时的绕组直流电阻），如果各相绕组在电机内部连接，那么可以测量某两个出线端之间的直流电阻，并记录绕组温度。

③试验时，使驱动电机系统在一定的工作状态下运行，电机断能后立即停机，尽量降低停机过程对驱动电机绕组温度变化的影响。在断能时刻开始记录时间，并记录冷却介质温度。尽快测量驱动电机绕组的电阻随时间的变化情况，绕组电阻的测量点与试验前的绕组电阻测量点相同。第一个记录时间点应不超过断能后 30 s；从第一个记录点开始，最长每隔 30 s 记录一次数据，直至绕组电阻变化平缓为止；记录时间总长度宜不少于 5 min。

二、驱动电机系统测试仪器

新能源汽车驱动电机系统测试是通过技术手段采集、分析和处理电机的各项工作参数来获取电机的各种特性和性能参数的测试过程。需要采集的参数包括电量和非电量参数，仪器从功能上划分主要有以下几种。

（1）兆欧表：测量绝缘电阻等，又称绝缘电阻表。

（2）工频耐压仪：测量耐压值。

（3）测功机：测量输出转矩、转速、转矩—转速特性和功率。

（4）试验台架：测量驱动电机系统效率等。

（5）电功率分析仪：测量功率参数，如电压和电流的有效值、平均值、峰值等；也可用来测量电机参数，如转矩和转速信号等。

（6）环境适应性试验设备：高低温试验台、盐雾试验台、振动试验台。

1. 电功率分析仪

新能源汽车电机系统由于采用变频调速技术，其电压、电流等信号含有较多的谐波含量，传统的仪器仪表无法进行准确地测量。采用电功率分析仪，不但能够对电机变频系统进行准确地电气测量，还可以进行谐波分析以及进行电机转速和转矩信号的采集及分析。

电功率分析仪可以测量和显示的参数包括电压和电流的有效值、平均值、峰值，基波和谐波含量、波形畸变，有功功率、无功功率、视在功率，相位角，电机轴端转速、转矩及机械功率等。一般情况下，高准确宽带电功率分析仪的测量带宽范围为 3 ~ 10 MHz，电流和电压的测量精度可达 0.01%，功率的计算精度可达 0.02%。

电功率分析仪具有丰富的接口，除了以上电压、电流测量接口，转速、转矩测量接口外，还具备模拟和脉冲信号输入输出接口、键盘接口、打印机接口、RS232 接口、通用接口总线（GPIB）接口、USB 接口、网口等，通过软件可以实现电功率分析仪与计算机的连接及通信，方便远程控制和数据的保存处理。电功率分析仪应用系统示意图如图 10-1 所示。

2. 车用电机系统试验台架

车用电机系统试验台架是车用电机系统性能的重要试验设备，完整的试验台架一般包括测功机、直流电源、电功率分析仪、转速/转矩传感器、冷却系统、数据采集系统、台架控制系统、通信系统及其他机械电气连接设备等，如图 10-2 所示。

1）台架的组成及功能

（1）被测试驱动电机、转速/转矩传感器、测功机之间采用弹性联轴器顺序连接以传递机械动力，电池模拟器、电机控制器与被测试驱动电机之间采用电气连接以传递电功率。

（2）测功机与测功机变频装置之间也为电气连接，测功机上位机为测功机的控制单元，可以检测测功机和测功机变频装置的工作状态，也可以通过变频装置调整测功机的工作状态，从而实现对测功机的控制。

（3）冷却系统为台架上被测试驱动电机及电机控制器提供冷却环境，冷却方式可以是风冷、液冷。图 10-3 中采用串联式冷却方式，即冷却液顺序进入电机控制器和被测试驱动电机，再返回冷却系统，构成一个串联液路。

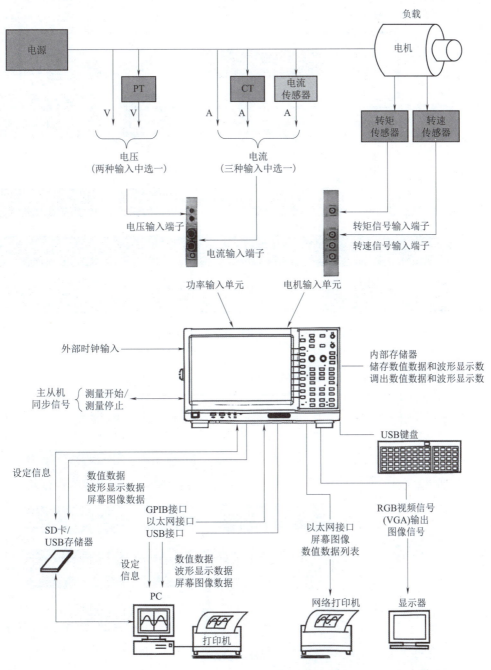

图 10-1 电功率分析仪应用系统示意图

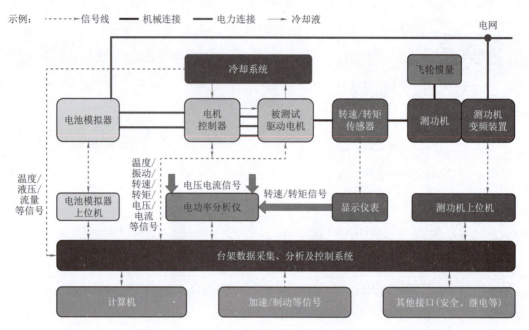

图 10-2　车用电机系统试验台架

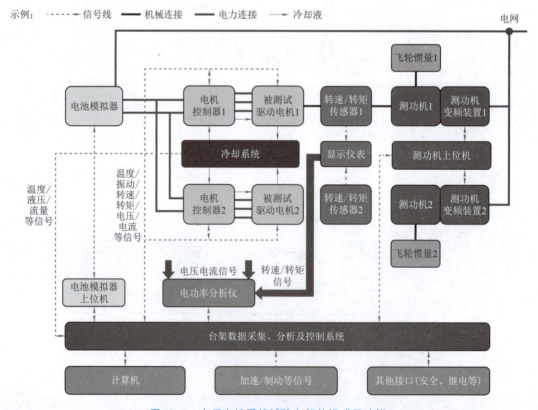

图 10-3　车用电机系统试验台架的组成及功能

（4）电池模拟器负责为被测试驱动电机提供动态直流电源，可以模拟车载电池电压/电流变化的工作特性。电池模拟器的输出特性由其上位机控制，为被测试驱动电机系统供一定电压的直流电，并能够根据被测试驱动电机负载变化动态地调整输出电流的大小。

（5）电功率分析仪一般具有多个测量通道，除了测量各相电压/电流信号外，也可以直接连接转速/转矩传感器输出的信号或者通过显示仪表上的接口连接，这样可以在同样的时钟触发条件下同步测量被测试电机和电机控制器的电压/电流及转速/转矩信号，确保信号测量和计算的准确性。

（6）台架数据采集、分析及控制系统获得电池模拟器、电功率分析仪、转速/转矩传感器、测功机系统、冷却系统等各部件工作时的状态信息，同时做出信号分析与显示。台架控制系统可以根据试验要求设计试验程序，并确保试验过程的顺利进行。比如，根据试验需求的加减速及制动信号，对被测试电机控制器发出加减速或制动指令，同时对电池模拟器发出加减速及制动过程中电压随之变化的指令，通过控制测功机系统输出的转速或转矩的大小，实现对所需求试验程序的控制，完成对被测试电机系统的加载。

（7）台架通信系统包括与被测试电机系统的通信，以及独立的台架测试系统的通信，均可采用普通的串/并行总线、CAN 总线等方式实现。现阶段的台架测量和控制系统与电机控制器、测功机之间的通信方式以 CAN 总线为主。

2）台架试验可测量的参数

（1）冷却系统的工作状态：冷却液温度、压力和流量等。

（2）电机控制器及电机的工作状态：电机绕组工作温度、IGBT 等关键部件的工作温度、直流电压/电流、交流电压/电流、电机轴端的转速/转矩、电机振动状态等。

（3）测功机的工作状态：测功机的电压/电流、温度、振动状态、转速/转矩等。

（4）转速/转矩传感器输出的数值等。

任务实施

新驱动电机系统测试与检验标准	工作任务单	班级：
		姓名：
结合所学内容，解释以下术语		

序号	术语	定义
1	超速试验	
2	温升试验	
3	电功率分析仪	
4	测功机	

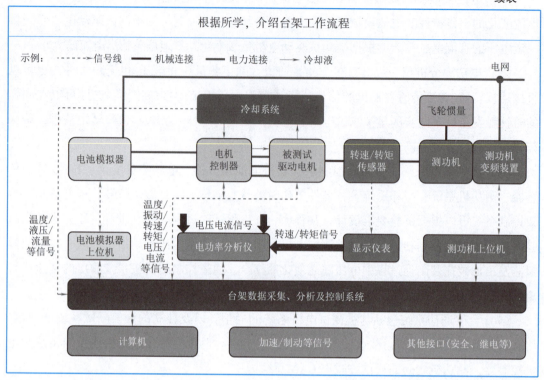

根据所学，介绍台架工作流程

拓展知识

一、IGBT 模块

IGBT 模块简称绝缘栅双极型晶体管，是由双极型晶体管和绝缘栅型场效应管组成的复合全控型电压驱动式功率半导体器件，兼有 MOSFET 的高输入阻抗和 GTR 的低导通压降两方面的优点。GTR 饱和压降低，载流密度大，但驱动电流较大；MOSFET 驱动功率很小，开关速度快，但导通压降大，载流密度小。IGBT 综合了以上两种器件的优点，驱动功率小而饱和压降低，是电机控制器电压变换与传输的核心器件。

二、超级电容和放电电路

超级电容是一种以电场形式储存能量的无源器件。需要电机启动时，电容能够把储存的能量释出至电路。接通高压电路时给电容充电，在电机启动时保持电压的稳定；断开高压电路时，通过电阻给电容放电。放电电阻通常和电容器并联，电源波动时，电容器会随之充放电。当控制器带动的电机或放电电路故障，有可能会导致高压断电。

三、DC-DC 变换器

一般的驱动电机控制器内部集成 DC-DC 变换器。其功能是将动力电池的高压电变换为低压电，给整车低压系统供电。

 课后练习

一、填空题

（1）《电动汽车用驱动电机系统——第 2 部分：试验方法》分为范围、规范性引用文件、术语与定义、试验准备、_____、温升试验、输入输出特性试验、安全性试验、环境适应性试验和可靠性试验 10 个部分。

（2）一般性试验项目包括外观、外形和安装尺寸、质量、_____壳体机械强度、液冷系统冷却回路密封性能、驱动电机定子绕组冷态直流电阻、绝缘电阻、耐电压、超速等。

（3）电机绕组的温升宜用_____测量。此方法依据试验期间驱动电机绕组的直流电阻随着温度的变化而相应变化的增量来确定绕组的温升。

二、判断题

（1）新能源汽车驱动电机系统测试是通过技术手段采集、分析和处理电机的各项工作参数来获取电机的各种特性和性能参数的测试过程。　　　　　　　　　　　（　　）

（2）新能源汽车电机系统由于采用变频调速技术，其电压、电流等信号含有较多的谐波含量，传统的仪器仪表无法进行准确地测量。　　　　　　　　　　　　　（　　）

（3）冷却系统为台架上被测试驱动电机及电机控制器提供冷却环境，冷却方式只可以是风冷。　　　　　　　　　　　　　　　　　　　　　　　　　　　　　（　　）

驱动电机性能检测实操

 案例导入

作为电机制造企业的一名测试人员，你需要掌握驱动电机的测试方法、测试设备和测试步骤，你能简述测试相关技术要点吗？

 知识储备

一、关键参数的台架试验方法

1. 转速-转矩工作测试点的选取

台架试验过程中，为了更加全面地掌握被测试电机系统在全部工作范围内的转矩—转速特性，需要在尽可能多的工作点处进行测试和分析，但是为了减少测试工作量，又不宜选择过多的工作点。具体注意事项如下。

转速点个数不少于10个，在满足最低和最高及相邻转速点选取规则前提下，应尽量包含必要的特征点；每个转速点上的转矩点不少于10个，对于高转速点上的转矩点个数可以适当减少，但不少于5个，所选取的测试点应尽量包含必要的特征点。

2. 测量参数的选择

台架试验过程关键部件的参数如下。

（1）电机控制器母线的电压和电流。

（2）电机的电压、电流、频率、转矩、转速和功率。

（3）电机、控制器和整个电机系统的效率。

（4）电枢绕组的电阻和温度。

（5）冷却介质的流量、压力和温度。

（6）电机关键部件的振动。

（7）通信协议的执行情况、关键参数的标定、电感和电阻的非线性变化等。

3. 测量过程中的注意事项

（1）试验时，根据测量精度要求的大小，选用的测量仪器应具有足够的准确度。

（2）测量时被试电机应处于热平衡工作状态，电机控制器的电压、电流根据试验条件选取合适的值。

（3）试验时电机控制器的功率可通过电压、电流计算获得，也可通过功率分析仪测得。

（4）试验用的线缆如对试验结果产生影响则需调整。

（5）转矩和转速传感器同轴端应为刚性连接，如果要求精密测量结果，应考虑对整个系统的结果进行适当的修正。

4. 持续转矩和持续功率

试验时电机控制器直流母线电压设定为额定电压，在电机系统的规定条件下电机应能在规定的持续转矩和转速条件下长时间正常工作，并且不超过电机的绝缘等级和温升限值。

利用转速、转矩数值，可以得到电机在相应点的持续功率

$$P_{\mathrm{m}} = \frac{Tn}{9\,550}$$

式中，P_{m} 为电机轴端的持续功率，单位为 kW。

5. 峰值转矩和峰值功率

（1）峰值转矩的试验条件是电机系统处于实际冷态下，控制器母线电压设定为额定值。

（2）试验时，电机系统工作于固定的峰值转矩、转速条件下，并持续一段时间，电机系统能够正常工作，并且不超过电机的绝缘等级和温升限制（不同持续时间峰值功率不同）。

（3）如需多次进行峰值转矩的测量，宜将电机恢复到实际冷态再进行第二次测量。

（4）获取峰值转矩和相应的工作转速后，利用电机的峰值功率计算公式计算相应工作点的峰值功率。

6. 堵转转矩

堵转转矩的试验条件是电机系统处于实际冷态下，控制器母线电压设定为额定值。试验时，应将电机转子堵住，通过电机控制器施加所需的堵转转矩，记录转矩和时间；改变电机定子和转子的相对位置，沿圆周等分 5 个堵转点，重复上述实验，每次重复前宜将电机恢复到实际冷状态，堵转时间应相同，取 5 次测量的转矩最小值作为实验结果。

7. 最高工作转速

试验过程中，电机控制器直流母线电压设定为额定电压，电机系统宜处于热工作状态。试验时，应匀速调节试验台架，使电机的转速至最高工作转速，并施加一定的负载，工作稳定后，在此状态下的持续工作时间应不少于 3 min。

8. 效率 MAP 图和高效工作区

试验时电机系统应达到热工作状态，控制器母线电压为额定值，由于要测量的点比较多，可以省略某些点，改用插值的方法将这些点进行填充，电机效率 MAP 图如图 10-4 所示。

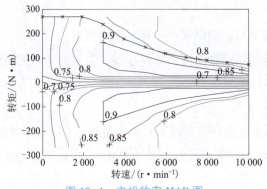

图 10-4　电机效率 MAP 图

9. 控制精度

1）转速控制精度

电机系统处于空载状态，在 10%~90% 最高工作转速范围内，均匀取 10 个不同的转速点作为目标值。

2）转矩控制精度

电机系统处于负载状态，在设定转速条件下的 10%~90% 峰值转矩范围内，均匀取 10 个不同的转矩点作为目标值。

10. 响应时间

1）转速响应时间

试验需要记录电机控制器从接收到转速期望指令信息开始至第一次达到规定容差范围的期望值所经过的时间，实验取 5 次测量结果的最大值作为转速响应时间。

2）转矩响应时间

试验需要记录电机控制器从接收到转矩期望指令信息开始至第一次达到规定容差范围的期望值所经过的时间，实验取 5 次测量结果的最大值作为转矩响应时间。

11. 电机系统的馈电性能测试

试验时，被试电机系统由原动机（测功机）拖动，处于馈电状态，根据试验目的和测量参数的不同，电机控制器工作于设定的直流母线电压条件下，电机在相应的工作转速和转矩负载下进行馈电试验。

记录馈电状态时电机控制器的直流母线电压，直流母线电流，电机各相的交流电压、交流电流，以及电机轴端的转速和转矩等参数，同时计算并获得功率、馈电效率等数值，绘制相关曲线。必要时，应对试验结果进行修正。

二、驱动电机的性能评价参数与测量方法

驱动电机通常都有以下定量参数。

（1）电量参数：电压、电流、功率、频率、相位、阻抗、介电强度、谐波。

（2）非电量参数：转速、转矩、温度、噪声、振动。

通过这些参数，了解电机运行时的工作特性，对被测电机进行性能评价。例如，假设我是一个电风扇的生产厂家，现在手上有两个电机，一个是直流电机 A，另一个是交流电机 B，我想选择效率更高的一款电机作为电风扇产品的内部部件，那么我会选择测试这两个风扇电机的效率并进行比对，根据这个思路得出图 10-5 所示的步骤。

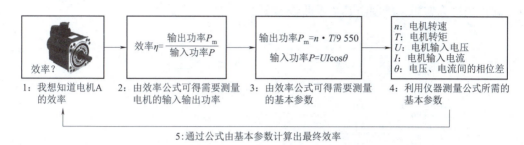

1：我想知道电机A的效率　　2：由效率公式可得需要测量电机的输入输出功率　　3：由效率公式可得需要测量的基本参数　　4：利用仪器测量公式所需的基本参数

5：通过公式由基本参数计算出最终效率

图 10-5　驱动电机最终效率计算步骤

经过以上步骤，可以轻松获取到 A、B 两个电机各自的转换效率，从而选择效率更高的电机。电机的评价参数又可以分为基本电量参数和性能参数。

1. 电机基本电量参数的测量

要测量电机的电量参数，就要关注最基本的电量参数：电压、电流、功率、频率、相位。这些参数是通过电子测量仪器进行测量的，根据测量项目的不同，一般会用到电压表、电流表、功率表、频率表等各种仪表。实际上，当前的电流参数测量技术非常成熟，通常使用功率分析仪（或功率计）即可满足电机所有基本电量参数的测量需求。

功率分析仪实际上是电压表、电流表、功率表和频率表的有机融合，它实现了高精度的电压、电流、频率、相位实时采集，并实时运算出功率结果，可以为使用者提供精准的电机电量参数测试结果，且不同参数之间的采集在时基上是同步的，保证了数据的有效性。

针对这些电量参数的测试，测试仪器有对应的测试指标，如精度、带宽、采样率等，测试人员在选择测试仪器时要注意仪器的指标是否满足自身需要与相关测试标准要求。

2. 电机性能参数的测量

电机性能测量包括负载特性测试、T—n 曲线测试、耐久测试、空载测试、堵转测试、启动电流测试。

负载特性测试包括如下内容。

（1）测试目的：负载试验的目的是确定电机的效率、功率因数、转速、定子电流等。

（2）测试方法：用伺服电机给被测电机加载，从 150% 额定负载逐步降低到 25% 额定负载，在此间至少选取 6 个测试点（必包含 100% 额定负载点），测取其电压、电流、功率、转矩、转速等参数并进行计算。

（3）测试依据标准：《三相永磁同步电动机试验方法》（GB/T 22669—2008）)"负载实验"；《三相异步电动机试验方法》（GB/T 1032—2012）"负载特性实验"。

从负载特性作用上看，主要是针对不同负载情况下电机特性的测试，保证电机在不同适用场合下仍能保持良好的运行，保证电机质量、提高生产生活效率。

T—n 曲线的测试包括如下内容。

（1）测试目的：描绘出电机的转速、转矩关系特性曲线。

（2）测试方法：通过控制被测电机的转速，测量从 0 转速到最高转速下，在不同转速点能输出的最大转矩，绘制出其关系曲线如图 10-6 所示。

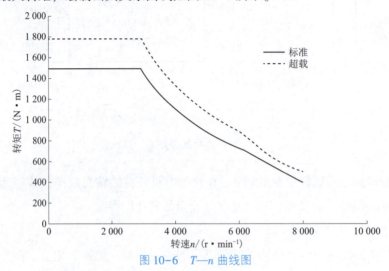

图 10-6　T—n 曲线图

根据不同转速对应的转矩来判断电机基本特性，直观地表现电机运行性能，更好地评估电机的运行状态。

耐久性测试包括如下内容。

在测试软件中，可由用户设定电机按某个测试方案来进行耐久测试，例如，设定被测电机以 80% 的额定转速运行 10 min，随后暂停 5 min，再以 120% 的额定转速运行 10 min 等。测试该运行过程中的电压、电流、效率、转矩、转速等关键信息。耐久测试流程如图 10-7 所示。

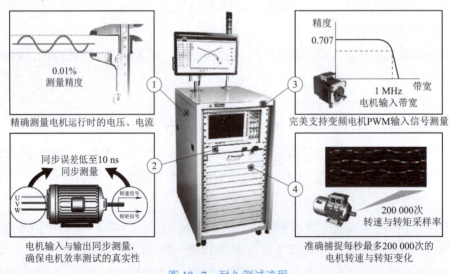

图 10-7　耐久测试流程

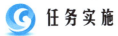 **任 务 实 施**

驱动电机性能检测实操	工作任务单	班级：
		姓名：

<table>
<tr><td colspan="3" align="center">结合所学内容，解释以下术语</td></tr>
<tr><td>序号</td><td align="center">术语</td><td align="center">定义</td></tr>
<tr><td>1</td><td align="center">堵转转矩</td><td></td></tr>
<tr><td>2</td><td align="center">$T—n$ 曲线</td><td></td></tr>
<tr><td>3</td><td align="center">耐久性测试</td><td></td></tr>
<tr><td>4</td><td align="center">馈电性能测试</td><td></td></tr>
<tr><td colspan="3" align="center">根据所学，简述电机转速与转矩变化</td></tr>
</table>

0.01%
测量精度

精确测量电机运行时的电压、电流

①

精度
0.707

1 MHz　带宽
电机输入带宽

③

完美支持变频电机PWM输入信号测量

同步误差低至10 ns
同步测量

U
V
W

转速信号
转矩信号

②

电机输入与输出同步测量，
确保电机效率测试的真实性

④

200 000次
转速与转矩采样率

准确捕捉每秒最多200 000次的
电机转速与转矩变化

拓 展 知 识

一、驱动电机控制策略

根据电动车的 P，R，N，D 四个挡位，加速踏板和制动踏板信号，将电动车的运动状态分为 5 种运行模式，分别是起车模式、正常驱动模式、失效保护模式、制动能量回馈模式和空挡模式。整车控制器采集钥匙信号、加速踏板、制动踏板、挡位信号和其他传感器信号，然后提取出有效值，整车控制策略通过对这些有效值判断、计算，采取相应的驱动模式，然后向电机控制器发送整车期望转矩指令。

驱动使能标志位置 1 则进入整车驱动状态，它置 1 的条件是钥匙打到 START 状态，整车控制器通过自检，电机控制器通过自检，电池管理系统通过自检，无严重故障，挡位处于 R，N，D 挡。然后整车控制器根据加速踏板、制动踏板、挡位信号和车速分别进入对应的驱动状态。

1. 起车模式

起车模式是指车辆已经启动，挡位挂在驱动挡，加速踏板开度为零的运行模式。此时整车控制器发送给电机控制的转矩指令为起车小转矩。该转矩的主要功能是如果在平直路面上行驶，可以使车辆保持一个恒定起车速度前行，如果在坡道上则防止起车时车辆倒溜。在起车模式下车辆最终以恒定速度行驶，并且车速有一个最大值，若车速超过这个值，则电机停止转矩的输出。

2. 正常驱动模式

正常驱动模式是指车辆处于驱动使能状态下，整车动力系统能够无故障运行，保障车辆正常行驶。此时整车控制器根据加速踏板开度、车速和电池 SOC 值来确定发送给电机控制器的转矩指令，当电机控制器从整车控制器得到转矩输出的指令时，将动力电池提供的直流电，转化成三相交流电，驱动电机输出转矩，通过机械传输来驱动车辆。正常驱动模式下有最大行驶车速。

3. 制动能量回馈模式

制动能量回馈模式又称发电模式，是指若车辆在运行时制动信号有效，并且车速大于一定值时，则对车辆的动能进行回收。由于电机既可以作电动机，又可以作发电机，此时电机输出制动力矩，有效地吸收车辆刹车时的动量，电机将汽车的动能转化为电能，然后三相正弦交流电通过电机控制器转化为直流电，产生的电能给动力电池充电，增加能量的利用率。

4. 空挡模式

挡位信号在 N 挡时，整车控制器发动给电机控制器的转矩指令为 0，电机处于自由状态，电机随着驱动轮转动。传统的燃油汽车由于发动机不能带负载起动，在塞车或等待交通绿灯时，需要让发动机怠速转动。这部分燃油不做功，降低了整车的能量利用率，同时怠速时，燃油燃烧不充分，还造成了比较大的环境污染，而电动汽车就不存在这方面的缺点。

5. 失效保护模式

失效保护模式是指整车动力系统出现非严重故障时，车辆还可以继续行驶而不需要紧急停车的模式。整车控制器根据故障等级，对转矩输出进行限制。

 课后练习

一、填空题

（1）台架试验过程中，为了更加全面地掌握被测试电机系统在全部工作范围内的转矩—转速特性，需要在尽可能多的_____处进行测试和分析。

（2）台架试验过程关键部件的参数包含_____的电压和电流。

（3）试验时电机控制器直流母线电压设定为_____，在电机系统的规定条件下电机应能在规定的持续转矩和转速条件下长时间正常工作，并且不超过电机的绝缘等级和温升限值。

二、判断题

（1）峰值转矩试验的试验条件是电机系统处于实际冷态下，控制器母线电压设定为额定值。　　　　　　　　　　　　　　　　　　　　　　　　　　　　　　　　（　　）

（2）堵转转矩的试验条件是电机系统处于实际冷态下，控制器母线电压设定为额定值，试验时，应将电机转子堵住，通过电机控制器施加所需的堵转转矩，记录转矩和时间。　（　　）

（3）试验过程中，电机控制器直流母线电压设定为额定电压，电机系统不宜处于热工作状态。　　　　　　　　　　　　　　　　　　　　　　　　　　　　　　　　　（　　）

参 考 文 献

[1] 王景智，梁东确，江军. 新能源汽车驱动电机及控制系统检修［M］. 北京：化学工业出版社，2023.

[2] 李建伟. 新能源汽车驱动电机与控制技术［M］. 北京：化学工业出版社，2022.

[3] 吕冬明，杨运来. 新能源汽车电机及控制系统检修［M］. 北京：机械工业出版社，2018.

[4] 胡欢贵. 新能源汽车关键部件结构图解手册［M］. 北京：机械工业出版社，2019.

[5] 张敏，宋佳丽. 新能源汽车驱动电机技术工作页［M］. 北京：机械工业出版社，2023.

[6] 冯小青. 新能源汽车电机驱动系统检修［M］. 北京：机械工业出版社，2023.

[7] 黄显祥，邱文波，雷建军. 新能源汽车驱动电机及控制系统检修［M］. 北京：机械工业出版社，2024.

[8] 龙志军，王远明. 新能源汽车驱动电机技术［M］. 北京：机械工业出版社，2023.

[9] 陈益庆，罗钦，李俊泓，等. 新能源汽车电机驱动与检修［M］. 成都：西南交通大学出版社，2022.

[10] 赵振宁，赵宇. 新能源汽车电机及电机控制系统原理与检修［M］. 北京：北京理工大学，2019.

[11] 张利. 新能源汽车驱动电机与控制技术［M］. 北京：人民交通出版社，2022.

[12] 何忆斌，侯志华. 新能源汽车驱动电机技术［M］. 北京：机械工业出版社，2021.

[13] 李仕生，张科. 新能源汽车驱动电机及控制系统检修［M］. 北京：机械工业出版社，2022.

[14] 緱庆伟. 新能源汽车驱动电机与控制技术［M］. 北京：人民交通出版社，2018.

[15] 张利，緱庆伟. 新能源汽车驱动电机与控制技术［M］. 北京：人民交通出版社，2018.

[16] 周毅. 纯电动汽车电机及传动系统拆装与检测［M］. 北京：机械工业出版社，2018.

[17] 张之超，邹德伟. 新能源汽车驱动电机与控制技术［M］. 北京：北京理工大学出版社，2016.